人人都能上手的
人工智能绘画
百康 编著
文心一格入门指南与实战

人民邮电出版社
北　京

图书在版编目（CIP）数据

人人都能上手的人工智能绘画：文心一格入门指南
与实战 / 百康编著. -- 北京 ： 人民邮电出版社，2024.
10. -- ISBN 978-7-115-64608-8

I. TP391.413

中国国家版本馆 CIP 数据核字第 20249R6E81 号

内 容 提 要

　　这是一本介绍 AI 绘画工具文心一格的使用技巧和商业应用的教程。本书第 1 章、第
3 章和第 4 章详细介绍了文心一格的"AI 创作""AI 编辑""实验室"功能的操作与使用；
第 2 章介绍了绘画描述词的输入技巧；第 5～10 章分别从绘画作品、平面设计、产品与
包装设计、文创与私人定制设计、建筑设计与室内设计、摄影作品 6 个方面讲解文心一
格在商业领域中的应用；附录部分针对文心一格小程序的操作与使用、AI 绘画赢利心得
进行了补充与分享。

　　本书适合对 AI 绘画感兴趣，或者正在从事艺术创作、设计相关工作的人士阅读，也
适合没有绘画基础，但想进入 AI 绘画相关领域的人士参考和学习。

◆ 编　著　百　康
　　责任编辑　李　东
　　责任印制　陈　犇
◆ 人民邮电出版社出版发行　　北京市丰台区成寿寺路 11 号
　　邮编　100164　　电子邮件　315@ptpress.com.cn
　　网址　https://www.ptpress.com.cn
　　北京瑞禾彩色印刷有限公司印刷
◆ 开本：700×1000　1/16
　　印张：10.5　　　　　　　2024 年 10 月第 1 版
　　字数：254 千字　　　　　2024 年 10 月北京第 1 次印刷

定价：69.80 元
读者服务热线：(010)81055410　印装质量热线：(010)81055316
反盗版热线：(010)81055315
广告经营许可证：京东市监广登字 20170147 号

PREFACE 前言

在学生时代，我们每个人都或多或少接触过绘画。但后来除了少数人仍然保持对绘画的兴趣外，很多人都离绘画越来越远。原因在于大多数人都觉得绘画是一项难以掌握的技能，久而久之，就对绘画失去了兴趣。

AI（Artificial Intelligence，人工智能）绘画工具出现后，人们创作绘画作品的门槛降低了。只要输入一句描述绘画内容的描述词，AI绘画工具就能自动生成相应的绘画作品，而且作品十分精美。AI绘画工具提升了创作绘画作品的效率，在一定程度上降低了人们获得绘画作品的成本。随着AI的发展，越来越多的人开始学习和使用AI绘画工具。可能有一天，使用AI绘画工具会像使用Office办公软件一样，成为职场人士必备的基本技能。

为帮助更多人掌握AI绘画工具的使用方法，适应这个快速变化的AI时代，笔者以百度公司研发的文心一格为AI绘画工具，向大家详细讲解它的使用技巧，以及生成绘画作品并将其应用于商业领域的方法。本书主要讲解PC端和移动端的操作，建议读者一边阅读，一边利用计算机或手机进行操作，这样会有更好的学习效果。

百康

2023年12月

了解 AIGC 技术

AIGC（Artificial Intelligence Generated Content，人工智能生成内容）技术是一种不同于UGC（User Generated Content，用户生成内容）的内容生成方式。AIGC是指由人工智能系统生成内容，是计算机使用机器学习等技术，通过对大量数据的学习和分析自动生成的各种形式的内容，如文章、图片、音频、视频等。在AIGC技术产生之前，互联网上的内容如博客文章、微博、音频、短视频等都是人工创作和生产的，是作者根据自己的经验、知识和创造力编写、设计或制作的。在AIGC技术产生之后，互联网上出现了越来越多由AIGC技术生成的内容。从农业社会到工业社会，从传统传播方式到互联网传播方式，社会一直在变革和发展，AIGC技术便是技术不断革新的产物。一些创新敏感型的公司已经开始在内部推广使用AIGC技术，要求员工通过使用AIGC技术来提高工作效率。越来越多的机构和个人开始学习和使用AIGC技术，并利用AIGC技术参与商业活动。

AIGC技术经历了一个很长的发展过程，大致可以分为以下3个主要阶段。

在早期萌芽阶段（20世纪50年代至90年代中期），AIGC技术主要局限于小范围的实验与应用，并且由于技术限制和成本高昂，难以商业化，没有取得较大的成绩。

在沉淀累积阶段（20世纪90年代中期至2015年前后），AIGC技术从实验型转向实用型，深度学习等技术取得较大进展，同时GPU（Graphics Processing Unit，图形处理器）、CPU（Central Processing Unit，中央处理器）等算力设备性能日益提升，互联网快速发展，为各类人工智能算法提供了海量数据用于训练。

在快速发展阶段（2015年前后至今），AIGC技术得到了更广泛的应用和发展。随着AIGC技术不断进步，其应用领域不断扩大，包括但不限于图像生成、语音识别、自然语言处理、机器翻译等。同时，人工智能算法也得到了改进和完善，推动了AIGC技术的快速发展和应用。

曾经有一段时间，自然语言处理技术的发展遭遇瓶颈且难以突破。例如，有些公司推出的可以和人自然对话的机器人系统或AI音箱，在出厂前已经进行了足够多的自然对话训练，可是人类语言的语义、语法和句式非常复杂，同样一个意思常常有各种各样的表达方法，同样一种表达方法又可能会表达不同的意思，这导致这些受过足够多训练的机器人系统或AI音箱"防不胜防"，它们或者没有正确理解人表达的意思，或者讲一些"正确的废话"。这些问题限制了自然语言处理技术的大规模应用。直到聊天机器人ChatGPT的出现和爆火，人们似乎才在人工智能上看到了更多的可能。ChatGPT通过了很多用来测试人类知识水平和技能的考试。有专家评价，ChatGPT达到了大学生的知识水平。至此，更多的人开始讨论和关注ChatGPT及相关的AIGC技术，AIGC技术这个词也更多地走进了大众的视野。AIGC技术的"春天"来了。

如果说工业革命和机器化大生产更多是用机器代替人的体力劳动，这一次的AIGC技术革命则更多是用机器代替人的脑力劳动。脑力劳动工作者可以使用AIGC技术提高自己的工作效率。例如，教师可以使用AIGC技术更有效率地备课，电商从业者可以使用AIGC技术分析电商数据、提高运营效率，办公室文员可以使用AIGC技术更快地生成各种办公文档，插画从业者可以使用AIGC技术更高效地产出绘画作品，等等。

人工智能在处理数据和执行任务方面比人类更高效、准确和轻松，但它们缺乏人类的情感、创造力和直觉。因此，目前的人工智能技术在执行单个小任务方面有优势，但在综合解决较复杂任务方面仍需要人来指挥它具体做什么，先做什么后做什么。我们可以把人工智能当作我们的工作或生活助理，但人工智能不能代替我们完成全部工作。

虽然就目前来说，AIGC技术仍有一些不足，但是随着其不断更新与发展，将来很可能会变得更加强大。面对汹涌的AIGC技术浪潮，我们应该保持怎样的心态呢？

社会一直在进步，在不断变化的社会环境中，如果我们选择以不变应万变，很可能会被社会淘汰。正所谓"物竞天择，适者生存"，我们只有主动拥抱这场变革，积极学习和应用AIGC技术，才能在不断变化的社会环境中掌握更多的主动权。

AIGC 技术的作用与主要工具

目前，AIGC技术能自动生成文本、图像、音频和视频等，其作用主要体现在以下4点。

提高效率和节省成本：AIGC技术能以自动化的方式生成大量的内容，相较于人类手动创作具有更高的效率。这对于新闻报道、市场营销、广告创意等需要大量内容与信息的领域来说，可以节省时间和人力成本。

扩展创作能力：AIGC技术不受时间和空间的限制，可以随时随地生成内容。它可以在短时间内分析大量数据和信息，并根据指定的规则和算法生成内容。这扩展了创作者的创作能力，并可以应对更广泛的需求和各种场景。

辅助分析和决策：AIGC技术可以通过分析大量的数据和信息，帮助人们进行分析和做出决策。例如，运用自然语言处理技术生成文章、报告，利用机器学习算法预测销售趋势，等等。

多样化内容创作：AIGC技术可以根据用户的需求和个性化偏好，如语言风格等要求生成合适的内容，以吸引更多的受众。

按生成内容的形式，AIGC工具可以分为以下类别。

文本生成：这类工具可以生成各种类型的文本内容，包括新闻报道、故事、诗歌、摘要、评论等，代表性工具包括ChatGPT（Chat Generative Pre-trained Transformer）、BERT（Bidirectional Encoder Representations from Transformers）、T5（Text-To-Text Transfer Transformer）、文心一言等。

图像生成：这类工具可以生成各种类型的图像内容，包括艺术画作、图片、徽标等，代表性工具包括DALL·E、Midjourney、Stable Diffusion、文心一格等。

音频生成：这类工具可以生成各种类型的音频内容，包括音乐、语音、音效等，代表性工具包括WaveNet、Text-to-Speech等。

视频生成：这类工具可以生成各种类型的视频内容，包括电影、动画、短视频等，代表性工具包括Make-A-Video、Imagen Video等。

此外，还有一些AIGC工具可以生成多种形式的内容，如DALL·E2可以同时生成图像和文本内容。国内一些互联网公司推出了自己的AIGC产品，例如，百度公司推出了文本生成工具文心一言、图像生成工具文心一格和集成视频生成功能的度加剪辑，腾讯公司推出了集成视频、语音生成功能的数字人系统腾讯智影等。

文心一格基本介绍

文心一格是百度公司基于百度文心大模型推出的AI绘画工具。在很多时候，用户只需要输入一句话、一段文字或一张图片，文心一格就可以根据用户的描述自动生成一张图片。

文心一格的特点如下。

支持中文：与某些国外AI绘画工具相比，国内用户在使用文心一格时没有语言障碍。

简单易用：很多时候，用户在使用该工具时只需要输入一句话或一段文字（描述词），文心一格就可以自动为用户生成一张符合用户描述的图片。

文案润色：如果用户暂时没有想到好的描述词，文心一格也可以为用户提供可能合适的描述词。

支持图生图：除了支持根据文字生成图片外，文心一格还支持根据一张图片来生成新的图片。

风格多样：文心一格提供了多种AI绘画风格，如水彩画风格、油画风格、素描风格、水墨画风格等，用户可以根据自己的需求选择不同的风格进行创作。

"AI编辑"功能：支持图片扩展、涂抹消除、涂抹编辑、图片叠加等。

"实验室"功能：支持识别用户上传的人物图片中的动作，生成具有相同动作的人物图片；支持识别图片中的物品、人物的轮廓，生成具有相同轮廓的物品图片或人物图片。

各类活动支持：作为有着丰富互联网运营经验的百度公司的产品，文心一格经常会提供对各类绘画大赛、直播、社群等的支持。

文心一格的应用场景非常广泛，包括但不限于以下方面。

美术设计：文心一格可以生成不同风格的美术插画作品，如水彩画、油画、水墨画等，用户可以根据自己的需求进行选择性生成创作。

摄影后期：文心一格可以将文字转化为图片，用户可以利用这些图片进行摄影后期处理，如调整色调、裁剪等。

营销推广：文心一格可以为用户提供各种形式的适用于营销推广的图片，如插画、海报、广告图等。

个人用途：文心一格也可以用于一些个人生活内容的制作，如制作个人简历、设计贺卡等。

总之，文心一格是一个非常实用的图像生成工具，在诸多领域中，它都可以一展身手，满足不同用户的图像生成需求，提高用户的工作效率。需要注意，文心一格生成的图片并不是完美的，会存在理解错误、文字乱码、空间结构有误等问题，这种错误可能源自算法的限制、数据集的不完整或其他因素。虽然这项技术具有一定的局限性，但我们不能忽视它在艺术创作领域表现出的巨大潜力。

本书由"数艺设"出品，"数艺设"社区平台（www.shuyishe.com）为您提供后续服务。

配套资源

本书所有操作演示视频。

资源获取请扫码

（微信扫描二维码关注公众号后，输入51页左下角的5位数字，获得资源获取帮助。）

"数艺设"社区平台，为艺术设计从业者提供专业的教育产品。

与我们联系

我们的联系邮箱是 szys@ptpress.com.cn。如果您对本书有任何疑问或建议，请您发邮件给我们，并请在邮件标题中注明本书书名及ISBN，以便我们更高效地做出反馈。

如果您有兴趣出版图书、录制教学课程，或者参与技术审校等工作，可以发邮件给我们。如果学校、培训机构或企业想批量购买本书或"数艺设"出版的其他图书，也可以发邮件联系我们。

关于"数艺设"

人民邮电出版社有限公司旗下品牌"数艺设"，专注于专业艺术设计类图书出版，为艺术设计从业者提供专业的图书、视频电子书、课程等教育产品。出版领域涉及平面、三维、影视、摄影与后期等数字艺术门类，字体设计、品牌设计、色彩设计等设计理论与应用门类，UI设计、电商设计、新媒体设计、游戏设计、交互设计、原型设计等互联网设计门类，环艺设计手绘、插画设计手绘、工业设计手绘等设计手绘门类。更多服务请访问"数艺设"社区平台www.shuyishe.com。我们将提供及时、准确、专业的学习服务。

目录

CONTENTS

第1章

"AI 创作" 功能的操作与使用

　　"AI创作"功能是文心一格的基础功能,也是文心一格的核心功能之一。"AI创作"功能包括"推荐""自定义""海报""艺术字"4种功能。

1.1 进入"AI创作"页面

单击文心一格官网顶部菜单栏中的"AI创作",未登录情况下会提示注册或扫码登录,登录后会进入图1-1所示的操作页面。

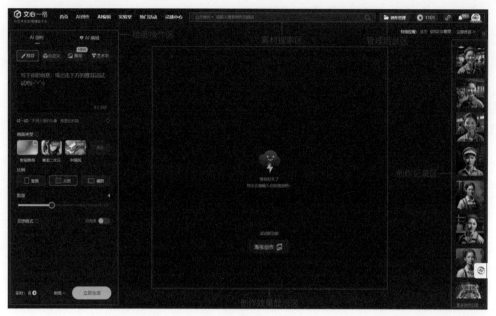

图1-1

为方便讲解,这里将"AI创作"页面分为绘画操作区、素材搜索区、管理后台区、创作效果显示区和创作记录区。

绘画操作区: 进行AI绘画生成操作的区域,包括描述词输入框、画面类型、比例等。

素材搜索区: 按关键词搜索公开画作(包括自己的画作、图库中的画作),也可通过搜索用户昵称来搜索其公开画作。

管理后台区: 包括创作管理、电量、消息管理和百度用户中心等。其中电量是文心一格为创作者提供的类似"金币"的东西,用于支付、兑换文心一格的图片生成服务和其他增值服务等,新用户第一次使用时可以免费获得40电量。

创作效果显示区: 显示创作或编辑时产生的图片,可以进行下载图片、分享图片等操作。

创作记录区: 展示用户创作产生的图片列表,单击其中任意图片,可以使其显示在创作效果显示区。

1.2 "推荐"使用方法

"AI创作"页面默认选择"推荐",在描述词输入框中输入文字后生成,便可获得符合文字描述的图片。输入的文字对事物描述越具体,得到的图片越接近预期。如果一时无法想出如何描述自己想要的事物,可以输入一个主体关键词,如"狗",然后开启"灵感模式",再单击"立即生成"按钮,右边的创作效果显示区便会显示4张不同风格的关于狗的图片,如图1-2所示。

图1-2

如果不需要4张图片,只需要生成1张图片,可以将"数量"调整为1,如图1-3所示。目前一次最多可以生成9张图片。

图1-3

不同的图片生成数量会消耗不同的电量,例如,目前生成1张图片会消耗2电量,默认生成4张图片就会消耗8电量,以此类推。

每次生成的图片都是随机的，但画面内容会限定在所输入的描述词框架内。如果使用同样的描述词多次生成，每一次生成的图片可能相似，但不会完全一样。如果想将刚生成的图片保存到本地，可以先单击想要保存的图片，此时该图片会铺满创作效果显示区，同时会在右边显示喜欢、下载、分享、收藏、公开、添加标签和删除等图片操作按钮，如图1-4所示。单击第2个表示下载的按钮，便可将所选图片下载到本地。如果单击表示公开的按钮，那么该作品便可能被该平台的其他用户看到。

图1-4

　　如果单击表示分享的按钮，便会生成一张带有二维码的图片，如图1-5所示。单击"保存海报"以保存这张带有二维码的图片，即可将图片分享给好友。

图1-5

好友可通过微信扫描图片上的二维码，查看该图片的详细信息，包括图片、所用的描述词、尺寸等，如图1-6所示。点击图中的"周边定制"，可以定制并购买印有该图片的手机壳、杯子、帆布袋等周边产品。

单击"复制灵感改写"，如图1-7所示，会回到刚才生成图片的页面，可用相同的描述词再次生成图片。

在绘画操作区的"比例"中，有"竖图""方图""横图"3种比例可供选择，如图1-8所示。

图1-6

图1-7

图1-8

绘画操作区的"画面类型"默认为"智能推荐"，单击"更多"可根据需求选择不同的画面类型，包括但不限于"唯美二次元""中国风""艺术创想""明亮插画""梵高"等，如图1-9和图1-10所示。

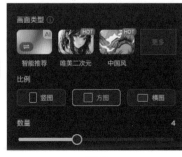

图1-9

图1-10

下面展示以"星光月夜，野外"为描述词，选择不同画面类型所生成的图片效果，如图1-11~图1-24所示。

- **智能推荐**

图1-11

图1-12

• 唯美二次元

图1-13

图1-14

• 中国风

图1-15

图1-16

• 艺术创想

图1-17

图1-18

• 明亮插画

图1-19

图1-20

• 梵高

图1-21

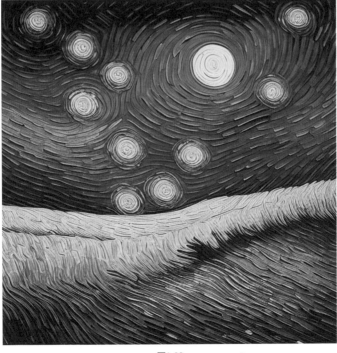

图1-22

• 像素艺术

图1-23

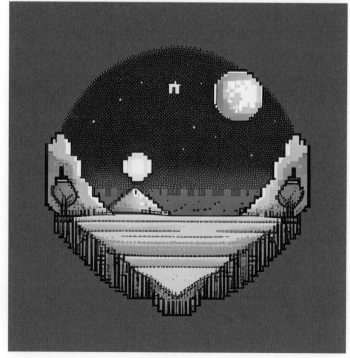

图1-24

1.3 "自定义"使用方法

单击"自定义"，不仅可以自定义画面的风格和尺寸，还可以通过上传一张参考图来生成另一张图片，如图1-25所示。这里包含的自定义风格有"创艺""二次元""具象"3种，包含的尺寸有1∶1、16∶9等。

1.3.1 自定义风格生成图片

在描述词输入框中输入"星光月夜，野外"，然后分别选择"创艺""二次元""具象"生成绘画作品，如图1-26~图1-31所示。

• 创艺

图1-25

图1-26

图1-27

• 二次元

图1-28

图1-29

• 具象

图1-30

图1-31

1.3.2 自定义参考图生成图片

如果想生成和图1-32类似的图片，可以上传参考图，然后在"AI创作"页面中单击"创艺"，在"影响比重"处设置1~10之间任意一个数值，如图1-33所示。设置的数值越大，生成的新图和参考图的效果差别越小；设置的数值越小，生成的新图和参考图的效果差别越大。

图1-32

图1-33

设置"影响比重"为10，生成的新图如图1-34所示。观察画面可发现，生成的新图与参考图的效果十分相似。

设置"影响比重"为5，生成的新图如图1-35所示。观察画面可发现，生成的新图与参考图的效果有一定的差异，比如项圈和鼻子处的斑点。

设置"影响比重"为1，生成的新图如图1-36所示。观察画面可发现，生成的新图与参考图的效果差异很大，比如耳朵和头部整体形态。

图1-34

图1-35

图1-36

1.4 "海报"使用方法

单击"AI创作"绘画操作区中的"海报",便可进行海报的生成。海报的"排版布局"有"竖版9:16"和"横版16:9"两种,其中"竖版9:16"分为"底部布局""左下布局""右下布局""中心布局","横版16:9"分为"左侧布局""右侧布局""中心布局";"海报风格"目前仅支持"平面插画",默认一次可生成4张海报,如图1-37和图1-38所示。

图1-37

图1-38

选择"排版布局"为"竖版9:16"和"底部布局"后,在"海报主体"输入框中输入对海报主体的描述,如"一枝晶莹剔透的茶花",在"海报背景"输入框中输入"清爽朦胧的远山,蔚蓝天空",将"数量"调整为"1",然后单击"立即生成"按钮,生成图如图1-39所示。观察画面可发现,主体"茶花"位于画面底部居中的位置。

如果将"排版布局"改为"竖版9:16"和"左下布局",其他设置不变,生成图如图1-40所示。观察画面可发现,主体"茶花"的位置由原来的底部居中变为了靠近左下方。

图1-39

图1-40

　　将"排版布局"改为"横版16：9"和"左侧布局"，其他设置不变，生成图如图1-41所示。观察发现，此时画面由竖幅变为了横幅，主体"茶花"由靠近左下方变为了位于画面左侧。

图1-41

1.5 "艺术字"使用方法

单击"AI创作"绘画操作区中的"艺术字",并在汉字输入框中输入汉字,便可获得图片形式的艺术字。例如,在汉字输入框中输入"秋风扫落叶",在"字体创意"输入框中输入"秋天,道路上的一片片树叶,正在随风飘落",如图1-42所示。单击"立即生成"按钮,生成的艺术字如图1-43所示。需要注意的是,在汉字输入框中输入的汉字不能超过5个,在"字体创意"输入框中输入的文字不能超过50个。

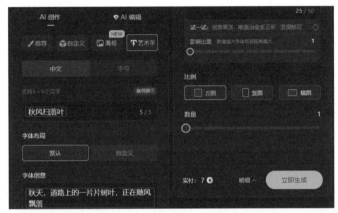

图1-42

图1-43

单击"字体布局"下方的"自定义"，然后将"字体大小""字体位置""排版方向"分别按图1-44所示的情况进行调整，生成的艺术字如图1-45所示。

图1-44

图1-45

▶ 学习回顾

01 进入文心一格官网并生成自己的第一张AI绘画图片。

02 通过自定义各种参数尝试生成不同主体、不同风格的图片，然后观察并体会不同图片之间的风格差异。

03 使用"海报"生成1张海报。

04 使用"艺术字"自定义生成艺术字。

第 2 章

绘画描述词

在AI绘画中，描述词通常用于指导生成符合要求的图片。本章先讲解文心一格的描述词输入技巧，然后考虑到文心一格的描述词可以通过文心一言辅助生成，也会讲解文心一言的描述词输入技巧，最后介绍在日常工作中接到客户或领导的创作需求后，将创作需求转化成描述词以生成符合要求的图片的技巧。

2.1 文心一格的描述词输入技巧

如果将文心一格当作一个画师,描述词就相当于我们和画师沟通的内容。描述词的描述准确度决定着生成作品符合要求的程度,因此描述词的输入是使用AI绘画非常重要的一环。图2-1左侧描述词输入框中所示的"儿童画,兔子也吃窝边草"就是用于生成右侧图片的描述词。

图2-1

文心一格提供了"文案润色"功能和"灵感模式"功能,用于提高描述词输入效率与图片生成效率。

"文案润色"功能是指在输入的描述词多于两个汉字时,描述词输入框下方会自动出现更多描述词以供选择,如图2-2所示。直接选择系统推荐的描述词,可以节省编辑描述词的时间,并由此提高生图效率。

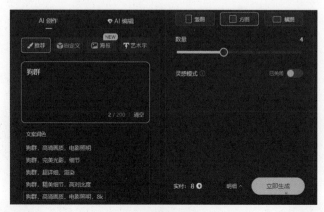

图2-2

"灵感模式"功能即系统根据描述词来快速联想并生成各种风格的图片,由此减少用户输入描述词的数量与次数,从而提高生图效率。

如果想要生成更加个性化的图片,可以通过规范描述词书写格式来完成。适用于文心一格的描述词书写格式为"画面主体+细节词+风格修饰词"。"画面主体"是画面表现的主要对象,如猫、少女等;"细节词"是关于主体或环境的进一步描述,如可爱、漂亮等;"风格修饰词"是关于画面风格的描述,如二次元、写实等。系统会自动理解并判断输入的提示的词各部分的权重,位置越靠前的描述词权重越大。

下面,笔者给大家具体分享3个提升描述词准确度的技巧。

第1个技巧是多参考和学习优秀绘画作品是如何写描述词的。可先模仿一些优秀绘画作品,使用与其相同的描述词,然后自行总结规律并多加练习,熟练后便能轻松提炼描述词并生成创作出想要的精美图片。

文心一格在"灵感中心"页面给出了一些书写描述词的技巧和实例,如图2-3所示。大家可以根据主题选择需要的内容进行学习。

此外,"首页"的"探索创作"下也有很多优秀且公开的作品供大家参考和学习,如图2-4所示。

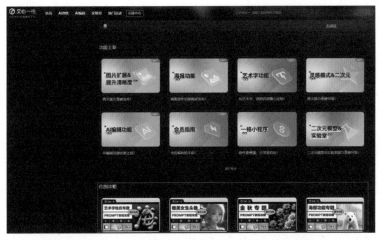

图2-3

图2-4

将鼠标指针放在"探索创作"中的作品上，会出现该作品所用的描述词，如图2-5所示。此时既可对描述词进行收藏操作，也可直接单击"我也画"以使用相同描述词创作一幅与该作品效果相似的作品，或者对描述词进行适当修改后再生成新的作品。

图2-5

单击"我也画"按钮后生成的新的雪豹图片如图2-6所示。

在搜索栏中输入关键词，可以搜索到一些与关键词相关的优秀作品，输入"鲜花"后搜索出来的作品如图2-7所示。搜索出相关作品后可采用上面的方法创作效果相似的作品。

图2-6

图2-7

第2个技巧是有意识地多积累自己所创作作品相关的常用的描述词。下面具体从图像类型、构图、艺术流派、插画风格等7个方面列举一些常用的描述词。

图像类型：古风、二次元、写实图片、油画、水彩画、油墨画、水墨画、黑白雕版画、雕塑、3D模型、手绘草图、炭笔画、极简线条画、浮世绘。

构图：中心构图、水平线构图、辐射纵深、渐次式韵律、三分构图法、框架构图、引导线构图、视点构图、散点式构图、超广角、黄金分割构图、错视构图、抽象构图。

艺术流派：现实主义、印象派、野兽派、新艺术、表现主义、立体主义、抽象主义、至上主义、超现实主义、行动画派、波普艺术、极简主义。

插画风格：扁平风格、渐变风格、矢量插画、2.5D风格插画、涂鸦白描风格、森系风格、治愈系风格、水彩风格、暗黑风格、绘本风格、噪点肌理风格、轻拟物风格、等距视角风格。

人像增强：精致面容、五官精致、毛发细节、少年感、蓝眼睛、超细腻、比例正确、妆容华丽、厚涂风格、虹膜增强。

摄影图像：舞台灯光、环境光照、锐化、体积照明、电影效果、氛围光、丁达尔效应、暗色调、动态模糊、长曝光、颗粒图像、浅景深、微距摄影、逆光、抽象微距镜头、仰拍、软焦点。

图像细节：纹理清晰、层次感、物理细节、高反差、光圈晕染、轮廓光、立体感、空间感、锐度、色阶、低饱和度、局部特写。

根据上述参考，使用描述词"油画，工厂女工，笑容灿烂，现实主义，中心构图，精致面容，层次感，纹理清晰"生成的图片如图2-8所示。

图2-8

第3个技巧是通过使用具备文本生成功能的工具来生成描述词,如ChatGPT和文心一言。文心一言是百度研发的强大语言模型,能够与人对话互动、回答问题和协助创作。下面展示如何使用文心一言生成用于装修设计的描述词。

笔者:我需要使用文心一格生成一张客厅室内装修效果图。要求:设计的客厅为暖色调,有亲和力,高品位,色彩鲜艳、明亮且有特色。请帮我生成可用于文心一格的描述词,你的输出内容不要超过180字。

文心一言:好的,以下是符合您要求的描述词。

请创造一个暖色调的客厅空间,营造出舒适宜人的氛围。使用柔和的色彩搭配,如米色、棕色和奶油色,以强调亲切与温馨的感觉。同时,加入一些高品位的元素,如精美的装饰画和优质的材料,以提升整体的品质。另外,使用色彩鲜艳的抱枕和挂画,以增添活力和特色。柔和的灯光设计和从窗外射入的自然光线营造出明亮且充满活力的氛围,为客厅带来亲和力。

之所以设定为不超过180字,是因为目前文心一格支持的描述词最长为200字,考虑到文心一格生成的描述词可能还需要修改完善,所以设定为180字以内比较合适。

为了避免文心一格在解读描述词时找不到主题,我们可以在上面的描述词前面加上"装修设计效果图"作为画面的主题,然后将其输入文心一格的描述词输入框中,生成的图片如图2-9所示。

图2-9

为了使文心一言更好地输出适用于文心一格的描述词,下面讲解文心一言的描述词输入技巧。

2.2 文心一言的描述词输入技巧

文心一言通过学习文本的统计规律，掌握了自然语言的语法、语义和上下文信息，能很好地模拟人类对话和提供有用的回答。在与文心一言对话时，我们可以将其当作人类。不过就算是与人沟通，我们也要掌握一定的技巧，以让对方能明白我们的意思。

在文心一言中，虽然用于向文心一言提问的内容通常是以句子或段落的形式出现，但习惯上还是称其为描述词。文心一言的描述词输入框如图2-10所示。

图2-10

在向文心一言求助时，我们要避免使用过于宽泛的描述词，同时要注意表述逻辑。当我们要问的问题比较复杂，又期望文心一言能按照期望的格式输出时，可以采用"角色+背景信息+任务描述+输出要求"的结构来表述。

角色：希望文心一言扮演的角色，例如"你是一位描述词生成专家""你是一位艺术家""你是一位服装设计师"等。

背景信息：向文心一言提出问题或向文心一言下达指令的背景，例如"我想设计一款服饰""有一个活动需要一张宣传海报"。

任务描述：希望文心一言做什么、想通过文心一言达到的目标，例如"请告诉我服装设计有哪些步骤""请帮我提炼一句宣传文案"。

输出要求：希望文心一言采用的回答方式，例如"输出的字数要求在200字以内。请按照这样的格式回答：'步骤一……；步骤二……'"。

下面使用以上结构来让文心一言设计一款游戏。

笔者：你是一位游戏设计专家，我准备创作一款关于《西游记》的游戏，请为我设计"孙悟空三打白骨精"的游戏场景。需要确定游戏的类型和目标，制定游戏规则和玩法，你的输出不要超过500字。

其中，"你是一位游戏设计专家"是希望文心一言扮演的角色，"我准备创作一款关于《西游记》的游戏"是背景信息，"请为我设计'孙悟空三打白骨精'的游戏场景。需要确定游戏的类型和目标，制定游戏规则和玩法"是任务描述，"你的输出不要超过500字"是输出要求。输入该描述词后，文心一言的回复如下。

文心一言：作为一位游戏设计专家，我很高兴能帮助你创作一款以《西游记》为背景的游戏。考虑到《西游记》中孙悟空与白骨精的经典对决，这款游戏可以设计成动作冒险类游戏，以孙悟空为主角，以三打白骨精为游戏核心内容。

游戏目标可以设定为： 玩家需要控制孙悟空，在游戏中通过打败白骨精来集齐3件宝物，最终解救被白骨精迷惑的唐僧。

游戏规则可以设定为： 玩家需要通过跳跃、攻击、防御等操作来打败白骨精，并集齐3件宝物，每件宝物都可以增强孙悟空的能力；同时，游戏内还可以设置一些特殊道具和技能，如金箍棒、七十二变等，增强游戏的趣味性和挑战性。

玩法可以设定为： 玩家需要在不同的场景中与白骨精战斗，每个场景都有不同的敌人和障碍物，需要玩家灵活应对；同时，还需要设置一些解谜元素，如寻找宝物、解锁关卡等，以增强游戏的可玩性和挑战性。

总之，这款游戏以孙悟空与白骨精的对决为核心，通过丰富的游戏内容和具有挑战性的关卡设计，为玩家带来一场刺激和有趣的动作冒险之旅。

可见，文心一言明白了笔者的表述，并清晰地给出了符合要求的游戏设计内容。

除此之外，我们还可以将复杂的问题分解，先从简单的问题开始，不断追问，直到获得想要的答案。下面采用"刨根问底"的方式来询问文心一言关于油画的问题。

笔者：你是一位美术家，拥有丰富的美术知识。请问油画有哪些类型？

文心一言：油画是以快干性的植物油（亚麻仁油、罂粟油、核桃油等）调和颜料，在画布（亚麻布）、纸板或木板上进行制作的一个画种。根据不同的分类标准，油画可以分为多种类型。

根据艺术风格，油画可以分为古典主义、浪漫主义、现实主义、表现主义、抽象主义等类型。

根据画派，油画可以分为佛罗伦萨画派、威尼斯画派、尼德兰画派等类型。

根据绘画技巧，油画可以分为直接画法、间接画法等类型。

根据绘画题材，油画可以分为肖像画、风景画、静物画、历史画等类型。

总之，油画是一种具有多样性和包容性的绘画种类，可以根据不同的分类标准进行划分。不同类型的油画都有其独特的艺术魅力和价值。

如果想对古典主义风格油画进行进一步的了解，可以继续追问。

笔者：请问古典主义风格油画有哪些特色呢？

文心一言：古典主义风格油画以严谨的素描、饱满而富有装饰性的色彩、流畅对称的构图为特色。这种风格强调对物体结构和透视关系的精确掌握，以及对色彩的运用和表现。在绘画过程中，古典主义画家通常会花费大量时间来仔细描绘人物的轮廓和线条，以及物体的细节和色彩。

古典主义风格油画也注重色彩的多样性和对比度，利用各种色调和色彩对比营造出独特的氛围和视觉效果。同时，古典主义画家追求精益求精的线条和构图，要求线条流畅顺滑，构图均匀对称。这些特点使得古典主义风格油画在表现历史事件、神话故事等方面具有独特的优势。

此外，古典主义风格油画还蕴含着丰富的历史信息和文化价值，传达的内容通常是有意义的。古典主义画家在创作前通常会进行大量的研究和构思，力求让作品更具艺术价值和思想深度。

通过以上内容，我们了解了如何让文心一言生成我们想要的内容，而如果想让文心一言生成用于文心一格生图的描述词，还需要对输入文心一言的描述词进行一定的调整。下面以通过使用文心一言来生成用于文心一格生成背包图片的描述词为例进行展示。

笔者：你是文心一格描述词生成专家，精通文心一格描述词生成技巧。我要用文心一格进行背包设计，背包是银色仿鳄鱼皮纹理女士双肩背包。请帮我推荐3个相关的描述词，每个描述词用于描述背包图片，每个描述词用于文心一格生成具有相应特征的背包图片。每个描述词不要超过180字。

上述内容对于输入文心一格的描述词的描述较为详细，甚至有点重复和啰唆，这是为了让文心一言更好地理解指令，避免出错。通过文心一言的回答，我们可以判断文心一言是否理解了指令，以此检验该表述方式是否正确。通过多次向文心一言提问，我们可以总结并归纳出一套合适的方法来与文心一言沟通。以下是文心一言的回答。

文心一言：以下是3个背包设计相关的描述词。

背包图片内容描述：

这个背包是专为女士设计的，采用了高贵的银色，并模仿了鳄鱼皮的纹理。背包的外观非常时尚，能够吸引众人的目光。背包的材质柔软而有质感，外观简洁、时尚。

背包图片内容描述：

这个银色仿鳄鱼皮纹理女士双肩背包非常实用，适合旅行、商务或日常使用。背包的尺寸适中，可以容纳足够多的物品，同时也不会显得太大或太重。背包的背带经过精心设计，可以适应不同人的背部形状和重量分布。此外，背包内部的分隔和组织方式使得您可以轻松找到所需的物品。

背包图片内容描述：

这个银色仿鳄鱼皮纹理女士双肩背包非常适合搭配休闲或正式的服装。无论您是去购物、上班还是旅行，这个背包都能满足您的需求。背包非常干净、简洁，十分百搭。同时，背包的细节处理非常到位，如拉链、扣环和缝线等都非常精致。

当然，文心一言给出的回答仅供参考，是否直接采用文心一言的回答需要我们自己来决定。我们可以对上述文心一言给出的描述词进行整合与精简，然后使用处理后的描述词生成背包设计图，如图2-11所示。

💡 **描述词**

背包设计，这个银色仿鳄鱼皮纹理女士双肩背包非常实用，适合旅行、商务或日常使用。背包的尺寸适中，可以容纳足够多的物品，同时也不会显得太大或太重。背包的背带经过精心设计，可以适应不同人的背部形状和重量分布。此外，背包内部的分隔和组织方式使得您可以轻松找到所需的物品

图2-11

2.3 将创作需求转化成描述词

　　传统的完整设计流程（相较于未使用AI工具而言）包括理解需求、研究和寻找灵感、构思创意、制作草图、精细化设计、反馈和修改、最终呈现这一系列步骤，通常需要设计师具有一定的设计理论基础。在使用文心一格设计时，设计师应该如何将客户或领导的创作需求转化为适用于文心一格生成图片的描述词呢？下面以使用文心一格和使用"文心一言＋文心一格"两种方式来展开介绍。

　　使用文心一格来生成设计作品，设计流程具体如下。

01 理解需求： 设计师需要与客户或领导沟通，明确他们的需求和期望，例如客户需要一幅关于马在草原上吃草的水彩画。

02 确定关键词和描述词： 根据客户或领导的需求，设计师可以确定一系列关键词和描述词，例如"水彩画，茫茫草原，马儿吃青草"。

03 生成初始图片： 利用确定的关键词、描述词并使用文心一格生成初始图片。图片可以是一幅粗略或较为精细的草图，不过因为文心一格的局限性，生成的图片可能有漏洞。例如将"水彩画，茫茫草原，马儿吃青草"作为描述词输入后，生成效果如图2-12所示。

图2-12

04 优化初始图片：由于目前AIGC技术还不能保证图片生成可以一步到位，因此有时需要使用相同的描述词反复生成图片，以最终获得满意的图片。如果反复生成的图片仍然不符合期望，可以通过修改描述词来继续生成新的图片。

05 精细调整图片：在初始图片的基础上，设计师可以进行精细化调整。设计师可以利用文心一格的相关编辑功能（在第3章和第4章中将会详细讲解）或使用Photoshop、Illustrator等软件，进行添加细节、改变色彩、调整构图等操作，使图片更加符合需求。

06 反馈和修改：向客户或领导展示生成的图片，并根据他们的反馈进行修改和完善。例如客户的反馈是"希望生成的是一张中国青年在草原上骑马的图片"，那么需要将原来的描述词修改为"水彩画，茫茫草原，人骑在奔跑的马上"，再次生成的图片如图2-13所示。

图2-13

07 最终呈现：经过精细化调整和多次反馈、修改后，设计师可以获得符合需求的图片。

如果需求涉及的领域十分专业，具体要求又比较模糊，在文心一格中输入描述词时无从下手，那么可以使用文心一言来生成描述词以获取灵感，然后参考文心一言给出的回答或做一定调整，将描述词输入文心一格。

例如，客户需要创作一幅山雨朦胧的水彩画，我们可以让文心一言提供更多有创意的画面内容描述作为描述词。以下是笔者与文心一言的对话。

笔者：你是文心一格描述词生成专家，精通生成文心一格描述词的技巧。我现在要创作一幅山雨朦胧的水彩画，请帮我生成用于文心一格生成该水彩画的3个描述词。

文心一言：当然，以下是我为你生成的3个描述词。

①雨后山景，水彩画风格，注重细节和纹理。

②山雨朦胧，远山近水，水彩画风格，注重光影变化。

③雨中山脉，水彩画风格，注重色彩的层次和变化。

使用第③个描述词生成的山雨朦胧的水彩画如图2-14所示。

图2-14

我们有时需要通过文心一言了解相关领域的知识，这样有利于明确客户或领导的需求，并得到细节更加丰富的描述词。以下是笔者与文心一言的对话。

笔者：请问水墨画有哪些特点？

文心一言：水墨画的特点主要包括以下几个方面。

色彩简约： 水墨画以黑、白二色为主，色彩简约，却能表达出丰富的情感和意境。

强调笔法： 水墨画的笔法非常讲究，注重笔触的力度和节奏，通过笔法的变化来表现物体的形态和质感。

注重墨色变化： 水墨画中墨色的变化非常重要，通过墨色的浓淡、干湿、深浅等变化来表现画面的层次感和立体感。

强调意境： 水墨画注重表现画家的内心感受和情感，追求一种超越形式的意境之美。

形式多样：水墨画的表现形式非常多样，可以是小幅的扇面画、册页画，也可以是大幅的山水画、花鸟画等。

总的来说，水墨画的特点在于色彩简约、笔法讲究、墨色变化丰富、意境深远，以及形式多样等，这些特点使得水墨画具有独特的艺术魅力和审美价值。

了解了水墨画的特点后，笔者继续就创作一幅水墨画需要掌握的背景知识和技巧与文心一言交流。

笔者：创作水墨画需要哪些技巧呢？

文心一言：创作水墨画可以参考以下技巧。

理解和掌握笔法：笔法是水墨画的基础，不同的笔法可以表现出不同的形态和质感。因此，理解并掌握各种笔法是创作水墨画的关键。

注重墨色的运用：墨色是水墨画的重要元素，通过控制墨色的浓淡、干湿、深浅等，可以表现出画面的层次感和立体感。因此，在创作水墨画时，要注重对墨色的运用。

培养意境和情感：水墨画注重表现画家的内心感受和情感，因此，在创作水墨画时，要注意意境的营造，将自身情感融入画面。

学习和借鉴传统：水墨画有着悠久的历史和丰富的传统，学习和借鉴传统可以更好地理解水墨画的精髓和特点，同时也可以提高自己的绘画水平。

多加练习和实践：创作水墨画需要不断练习和实践，只有通过不断尝试和摸索，才能逐渐掌握水墨画的技巧和精髓。

上面的回答中提到了可以通过控制墨色的浓淡、干湿、深浅等表现出画面的层次感和立体感。控制墨色具体是如何做的呢？我们可以就此继续与文心一言对话。

笔者：如何通过控制墨色的浓淡、干湿、深浅来表现出画面的层次感和立体感呢？

文心一言：控制墨色的浓淡、干湿、深浅的具体方法如下。

调整水分含量：掌握好墨的水分含量，可以调整墨的浓度，使其更加适用于表现不同的阴影和层次感。墨汁浓度高的地方呈现出较深的色调，墨汁浓度低的地方则呈现出较浅的色调。

利用笔触的变化：通过笔触的变化可以表现出画面的层次感和立体感。例如，利用湿墨的流畅和干墨的利落，可以表现出不同的形态和质感。

运用对比手法：通过对比手法，例如深浅、浓淡、干湿的对比，可以突出画面的层次感和立体感。

掌握色彩的搭配：水墨画的色彩简约但搭配丰富，通过掌握色彩的搭配，可以表现出画面的层次感和立体感。

注重画面的布局：画面的布局对于层次感和立体感的展现也有很大的影响。通过合理的布局，可以突出画面的主体和次要元素，增强画面的层次感和立体感。

接下来可以要求文心一言根据上述回答提供能展示其中一种技巧的描述词。以下是笔者与文心一言的对话。

笔者：你是文心一格的描述词生成专家，精通生成描述词的技巧。我需要使用文心一格创作一幅湖光山色的水墨画，要求水墨画运用深浅、浓淡、干湿的对比，突出画面的层次感和立体感。请为我生成使用文心一格创作此图片需要输入的描述词，需要3个示例。每个示例是一段话，这段话不超过200字。

文心一言：好的，以下是3个用文心一格创作湖光山色的水墨画所需的描述词。

段落1：

以淡墨渲染远山，通过干笔和湿笔的交错，表现出山体的轮廓和光影变化。利用浓淡、干湿的对比，描绘出山间的云雾缭绕，营造出画面的层次感和立体感。近处的山石和树木用稍浓的墨色表现，细腻的描绘和粗犷的挥洒相结合，使画面既有对细节的刻画，又有整体的氛围感。在画面下方用淡墨画出湖面，注意水面的波动和反光效果，使画面更具生动感。

段落2：

以湿墨渲染远山，利用浓淡、干湿的对比，表现出山体的层次感和立体感。逐渐过渡到淡墨，描绘出山体的轮廓和纹理，通过细腻的描绘表现出山体的柔韧和生动。在山间留白，表现出云雾缭绕的效果，使画面更具清新感和动态感。近处的山石和树木用稍浓的墨色表现，粗犷的挥洒和细腻的描绘相结合，使画面既有粗犷的豪迈感，又有对细节的刻画。在画面下方用湿墨画出湖面，注意水面的波动和反光效果，使画面更具生动感。

段落3：

以干笔渲染远山，通过粗犷的挥洒和淡淡的墨色，表现出山体的硬朗和立体感。逐渐过渡到淡墨，描绘出山体的轮廓和纹理，通过细腻的描绘表现出山体的柔韧和生动。在山间留白，表现出云雾缭绕的效果，淡墨和干笔的运用使画面更具清新感和动态感。近处的山石和树木用稍浓的墨色表现，粗犷的挥洒和细腻的描绘相结合，使画面既有粗犷的豪迈感，又有对细节的刻画。在画面下方用湿墨画出湖面，注意水面的波动和反光效果，使画面更具生动感。

在上面的描述词前加入主题词"水墨画"，由此生成的3张图片分别如图2-15~图2-17所示。

💡 **描述词**

水墨画，以淡墨渲染远山，通过干笔和湿笔的交错，表现出山体的轮廓和光影变化。利用浓淡、干湿的对比，描绘出山间的云雾缭绕，营造出画面的层次感和立体感。近处的山石和树木用稍浓的墨色表现，细腻的描绘和粗犷的挥洒相结合，使画面既有对细节的刻画，又有整体的氛围感。在画面下方用淡墨画出湖面，注意水面的波动和反光效果，使画面更具生动感

图2-15

💡 描述词

水墨画，以湿墨渲染远山，利用浓淡、干湿的对比，表现出山体的层次感和立体感。逐渐过渡到淡墨，描绘出山体的轮廓和纹理，通过细腻的描绘表现出山体的柔韧和生动。在山间留白，表现出云雾缭绕的效果，使画面更具清新感和动态感。近处的山石和树木用稍浓的墨色表现，粗犷的挥洒和细腻的描绘相结合，使画面既有粗犷的豪迈感，又有对细节的刻画。在画面下方用湿墨画出湖面，注意水面的波动和反光效果，使画面更具生动感

图2-16

💡 描述词

水墨画，以干笔渲染远山，通过粗犷的挥洒和淡淡的墨色，表现出山体的硬朗和立体感。逐渐过渡到淡墨，描绘出山体的轮廓和纹理，通过细腻的描绘表现出山体的柔韧和生动。在山间留白，表现出云雾缭绕的效果，淡墨和干笔的运用使画面更具清新感和动态感。近处的山石和树木用稍浓的墨色表现，粗犷的挥洒和细腻的描绘相结合，使画面既有粗犷的豪迈感，又有对细节的刻画。在画面下方用湿墨画出湖面，注意水面的波动和反光效果，使画面更具生动感

图2-17

通过连续追问，我们了解了创作水墨画时应该掌握的一些知识和技巧，同时文心一言通过回答我们的提问，在生成我们需要的描述词时，给出的描述词会更加符合之前回答的这些技巧。也就是说，文心一言回答的内容本身作为生成描述词时的前提时，其最终提供的描述词就会显得更加专业。

这里再以生成服装设计图为例进行展示。以下是笔者与文心一言的对话。

笔者：你是一位服装设计师，拥有丰富的服装设计知识。请问常见的服装款式有哪些？

文心一言：服装款式非常多样，以下是一些常见的服装款式。

连衣裙：夏季常见的服装款式之一，根据不同的设计和剪裁，连衣裙可以展现出不同的风格和效果。

T恤：日常穿着中非常常见的服装款式，T恤可以单独穿着，也可以作为其他服装的打底衫。

裤子：日常穿着中必不可少的服装款式之一，包括牛仔裤、休闲裤、运动裤等不同类型。

外套：外套是春秋季节常用的服装款式之一，设计和剪裁也各不相同，有风衣、夹克、大衣等多种类型。

衬衫：商务和正式场合常用的服装款式之一，衬衫可以单独穿着，也可以作为西装或外套的内搭。

运动装：运动和健身时常用的服装款式之一，包括运动裤、运动鞋、运动文胸等不同类型。

以上只是一些常见款式，实际上还有很多其他的服装款式，例如背心、短裙、围巾等。

继续询问文心一言连衣裙的相关类别。

笔者：请问连衣裙有哪些类别？

文心一言：连衣裙的类别主要有以下几种。

按面料分类：可分为真丝连衣裙、人造丝连衣裙、香云纱连衣裙、毛呢连衣裙、纯棉连衣裙等。

按风格分类：可分为优雅连衣裙、时尚连衣裙、复古连衣裙等。

按细节分类：可分为蕾丝裙、牛仔裙、雪纺裙、碎花裙、吊带裙、条纹裙、两件套连衣裙、荷叶边连衣裙、长袖连衣裙、短袖连衣裙、无袖连衣裙、高腰连衣裙、包臀裙、百褶裙等。

按功能分类：可分为打底裙、礼服裙、睡裙、西装裙、旗袍裙、沙滩裙等。

按人群分类：可分为中老年连衣裙、儿童公主裙、大码连衣裙。

按季节分类：可分为春、夏、秋、冬四季连衣裙，或者春秋连衣裙和秋冬连衣裙。

此外，还可以按长度分类，将连衣裙分为长裙和短裙。同时，可以按一些常见的设计风格分类，例如直筒裙和A字裙等。

总的来说，连衣裙多种多样，可以根据不同的维度进行划分。

下面询问文心一言设计连衣裙可能涉及的技巧。

笔者：请问如何设计好真丝连衣裙？

文心一言：设计好真丝连衣裙需要注意以下几个方面。

确定款式和风格：根据市场需求和品牌定位，确定真丝连衣裙的款式和风格。例如优雅、时尚、复古等，或直筒裙、A字裙等。

选择合适的面料：真丝面料柔软、光滑、透气性好，但也很容易勾丝、褶皱，因此需要选择质量好的真丝面料。同时，根据款式和风格选择合适的颜色和纹理。

注重细节设计：真丝连衣裙的细节设计非常重要，需要考虑到肩部、胸部、腰部、臀部等部位的线条流畅性和舒适度。同时，可以添加一些装饰元素，如蕾丝、刺绣、珠子等，提高裙子的精致度和美观度。

确定长度和宽度：根据品牌定位和市场需求，确定真丝连衣裙的长度和宽度。一般来说，长裙更适合优雅风格，而短裙则更适合时尚风格。同时，要根据消费者的身材和喜好来确定宽度。

考虑搭配：真丝连衣裙可以单独穿着，也可以与其他服装搭配。在设计时可以考虑搭配不同的鞋子、包包、饰品等，以增加整体造型的丰富性和层次感。

注重制作工艺：真丝连衣裙的制作工艺要求较高，需要注重缝纫、剪裁、熨烫等环节。制作时要保证精细、准确，以展现出真丝连衣裙的高品质和精致度。

总之，设计好真丝连衣裙需要综合考虑款式、风格、面料、细节设计、长度和宽度、搭配以及制作工艺等多个方面。只有这样才能设计出既美观又实用的真丝连衣裙，满足消费者的需求。

至此我们已经对如何设计好连衣裙有了一个初步概念，可以继续追问更多的细节，也可以直接让文心一言提供描述词。

笔者：你是文心一格的描述词生成专家，精通生成文心一格描述词的技巧。我需要使用文心一格创作一张真丝连衣裙设计图，要求是款式优雅、直筒裙，使用质量好的面料，注重细节设计。请为我推荐5个符合要求的真丝连衣裙描述词，每一个不要超过180字。

文心一言：好的，以下是5个用于文心一格创作真丝连衣裙的描述词，每个不超过180字。

段落1：
以真丝的柔美与高贵，打造出这款优雅的直筒裙。选用顶级真丝面料，触感柔软顺滑。细节处理精致，如细腻的褶皱、精美的珠片点缀以及柔软的肩部设计，展现出女性的温柔与气质。裙摆飘逸动人，展现出女性的优雅风姿。

段落2：
这款真丝连衣裙采用直筒裙设计，简约而优雅。选用顶级真丝面料，触感柔软光滑，舒适透气。细节处的珠片点缀和细腻的剪裁线条，彰显品质与时尚。

段落3：
以纯净的真丝面料，打造出这款优雅的直筒裙。注重每一个细节，如腰部和臀部的贴身剪裁、光滑的裙摆以及柔软的肩部设计。精致的蕾丝装饰更增添一抹浪漫气息。采用细腻的褶皱和精美的珠片点缀，让女性在穿着时倍感舒适与自信。

段落4：
以优雅的线条设计，展现出真丝连衣裙的柔美与高贵。采用高质量的真丝面料，注重细节处理，如细腻的蕾丝装饰和精美的刺绣图案，让裙摆飘逸动人。细节处的珠片点缀和细腻的褶皱处理，彰显品质与时尚。

段落5:

这款真丝连衣裙采用高品质的真丝面料,经过精心的直筒裙设计,展现出优雅大方的风格。细节之处体现为精致的刺绣图案、细腻的褶皱以及柔软的质地,这让女性在穿着时倍感舒适与自信。

参考第1个描述词生成的服装设计图如图2-18所示。

💡 描述词

服装设计图片,以真丝的柔美与高贵,打造出这款优雅的长裙。选用顶级真丝面料,触感柔软顺滑。细节处理精致,如细腻的褶皱以及柔软的肩部设计,展现出女性的温柔与气质。裙摆飘逸动人,展现出女性的优雅风姿。

图2-18

▶ 学习回顾

01 按描述词书写格式"画面主体+细节词+风格修饰词"输入描述词,并生成想要的图片。

02 使用本章推荐的常用描述词生成不同的图片,然后观察并体会不同图片之间的风格差异。

03 使用文心一言生成描述词,将该描述词输入文心一格并生成图片。

第 3 章

"AI 编辑"功能的操作与使用

　　"AI编辑"功能同"AI创作"功能一样，也是文心一格的核心功能之一。目前"AI编辑"功能是白银会员及以上者才能使用的功能，"AI编辑"功能目前包括"图片扩展""涂抹消除""涂抹编辑""图片叠加""提升清晰度"5种。

3.1 进入"AI编辑"页面

单击文心一格官网顶部菜单栏的"AI编辑"即可进入"AI编辑"页面，如图3-1所示。

单击相关功能右侧的箭头就可以展开详细操作页面，如图3-2所示。单击"选择图片"可以在"我的作品"中选择一张图片，如图3-3所示，选择图片后单击"确定"便可对选择的图片进行编辑。

图3-1

图3-2

图3-3

除了使用以上方法进入"AI编辑"页面，也可以通过单击"AI创作"页面中的"编辑本图片"进入"AI编辑"页面，如图3-4所示。

图3-4

此外，还可以通过先单击"创作管理"进入"我的创作"页面，然后将鼠标指针放在图片上，单击"去编辑"，如图3-5所示，进入"AI编辑"页面。

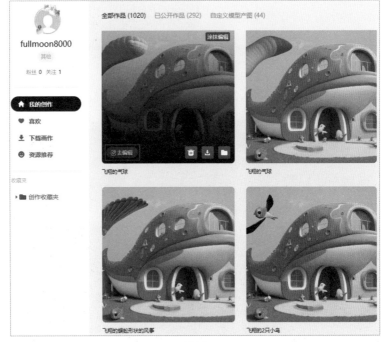

图3-5

下面分别简单介绍"图片扩展""涂抹消除""涂抹编辑""图片叠加""提升清晰度"的具体使用方法。

3.2 "图片扩展"使用方法

"图片扩展"即对原图内容进行扩展,可通过"四周""向左""向右""向上""向下""变方图"6种扩展方式在原来内容的基础上生成新的内容,操作页面如图3-6所示。

图3-6

选择一张图片并设置为"四周"扩展,调整"数量"为1,如图3-7所示。

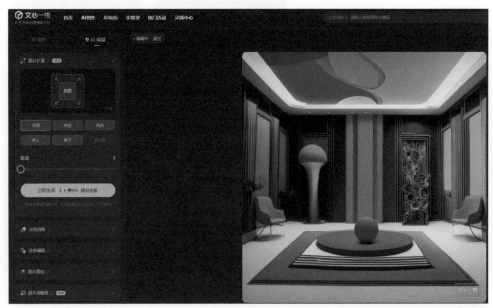

图3-7

单击"立即生成"按钮，生成效果如图3-8所示。观察发现，新图四周都依据原图内容扩展了风格一致的新内容。接下来单击"返回修改"，返回原图修改页面以尝试其他扩展方式。

图3-8

选择"向左"扩展，其他设置不变，单击"立即生成"按钮，生成效果如图3-9所示。观察发现，新图左侧依据原图内容扩展了风格一致的新内容。

图3-9

使用其他扩展方式的效果大家可通过自行操作查看，这里不一一展示。

3.3 "涂抹消除" 使用方法

"涂抹消除"即擦除画面中不需要的部分。例如，要抹掉图3-10左上角两个飘在空中的物体，进入"涂抹消除"页面后，选择要编辑的图片，然后用鼠标指针涂抹想要消除的物体，涂抹后的效果如图3-11所示。

图3-10

图3-11

单击"立即生成"按钮，生成效果如图3-12所示。观察发现，想要抹掉的物体消失了，同时系统自动补全了因为涂抹而造成的画面缺失部分，让画面看起来仍为一个整体。

图3-12

3.4 "涂抹编辑"使用方法

"涂抹编辑"即在图片的涂抹区域中生成新的内容。还是以图3-10为例,用鼠标指针对想要编辑的区域进行涂抹,并在输入框中输入"飞翔的气球",如图3-13所示。

图3-13

单击"立即生成"按钮,生成效果如图3-14所示。观察发现,图中被涂抹的区域中的物体变成了两个热气球。

图3-14

3.5 "图片叠加"使用方法

"图片叠加"即将两张图片的内容进行融合，以生成一张新图，这相当于将从"基础图"中提取的描述词和从"叠加图"中提取的描述词进行了一次组合，然后根据新的描述词生成图片。在"图片叠加"页面中，单击"选择图片"可添加图片，左侧添加的图片作为"基础图"，右侧添加的图片作为"叠加图"，如图3-15所示。

图3-15

例如，添加图3-16所示的两张图片，拖曳比例条以设置"基础图"和"叠加图"所占的比例，当"基础图"和"叠加图"所占的比例各为50%时，生成效果如图3-17所示。

图3-16

图3-17

　　从生成的新图可以看出，"叠加图"的元素在新图中所占比例大，甚至新图中都没有出现人物，此时需要调整比例。如果调整"基础图"所占的比例为65%，"叠加图"所占的比例为35%，生成效果如图3-18所示。观察发现，当"基础图"所占的比例提高时，新图中便有了"基础图"中的人物形象，并与背景融合为一体。

　　如果继续调整比例，让"基础图"占80%，新图如图3-19所示。随着"基础图"所占比例的升高，"叠加图"所占比例的降低，新图中的背景已经不是"叠加图"中的室内场景，而是野外丛林。

图3-18

图3-19

3.6 "提升清晰度"使用方法

"提升清晰度"即提升原图的清晰度,提升程度包括"高清""超高清""自定义"3种。例如,要提升图3-20所示原图的清晰度,选择"高清"后生成图的分辨率会变为2048×2048。"超高清"对应的分辨率为4096×4096。如果目前的分辨率不符合预期,可以选择"自定义"并编辑具体的分辨率。

图3-20

第4章

"实验室"功能的操作与使用

"实验室"功能是对已有图片的特征进行提取，以生成具有相似特征图片的高级功能。"实验室"功能目前只有黄金会员及以上者才能使用，包括"人物动作识别再创作""线稿识别再创作""自定义模型"3种

4.1 进入"实验室"页面

单击文心一格官网顶部菜单栏中的"实验室"即可进入"实验室"页面,如图4-1所示。

图4-1

下面分别简单介绍"人物动作识别再创作""线稿识别再创作""自定义模型"的具体使用方法。

4.2 "人物动作识别再创作"使用方法

"人物动作识别再创作"可以识别并利用一张图片中人物的动作,生成一张新的具有相同动作的人物图片。

例如,进入"人物动作识别再创作"页面后,将图4-2拖曳在图4-3中标示的位置。

图4-2

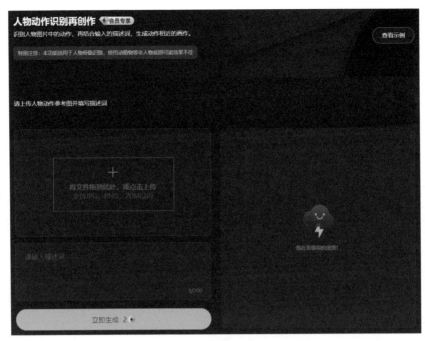

图4-3

在描述词输入框中输入"女人读书",然后单击"立即生成"按钮,生成效果如图4-4所示。生成图中的人物上身动作与参考图相似,生成图右下角还显示了参考图中的人物动作框架。

图4-4

4.3 "线稿识别再创作"使用方法

"线稿识别再创作"可以识别并利用一张图片中物体的线稿，生成一张具有相同轮廓的物体的新图。

"线稿识别再创作"页面如图4-5所示。

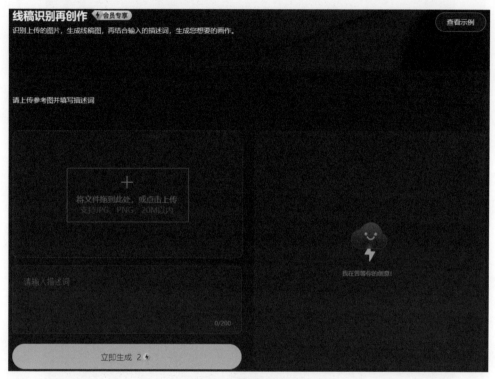

图4-5

上传一张有两个西红柿的图片，然后输入描述词"苹果"，单击"立即生成"，生成图中的苹果与西红柿的轮廓高度相似，如图4-6所示。

图4-6

同样，将描述词改为"草莓"后，生成图中的草莓与西红柿的轮廓十分相似，如图4-7所示。

图4-7

4.4 "自定义模型"使用方法

通过"自定义模型",用户可以上传图片来训练自己的私人模型,而且可以用生成的新模型来生成图片,生成的图片会与用于训练的图片具有相同的风格。目前训练一个模型需要消耗200电量。

单击图4-8中所示的"训练新模型",进入"训练新模型"页面,并选择"模型类别"为"二次元人物",如图4-9所示。"模型训练图集"处最多可上传20张图片。

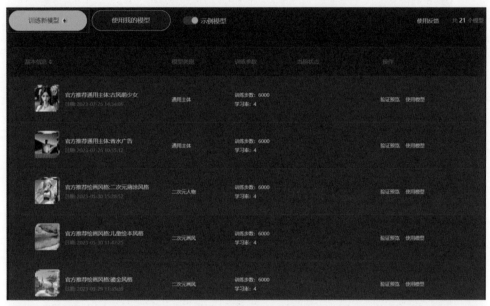

图4-8

图4-9

上传图4-10所示的10张图，"设置二次元人物类型"为"男人"，并设置"二次元人物标记词"为"正义战士"，单击"下一步"。在"效果验证Prompt"处输入描述词"正义战士，奔跑"，单击"开始训练"，如图4-11所示。

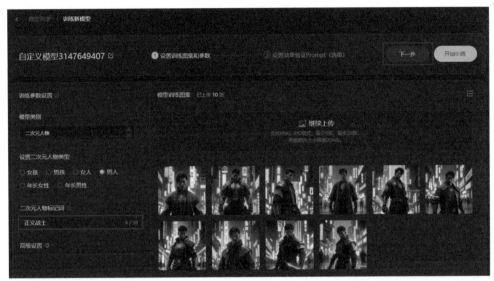

图4-10

图4-11

等待半小时到两小时，模型训练完成后，单击"验证预览"，如图4-12所示。如果生成的5张图与预期风格一致，说明模型训练成功，单击"发布模型"便可发布，如图4-13所示。

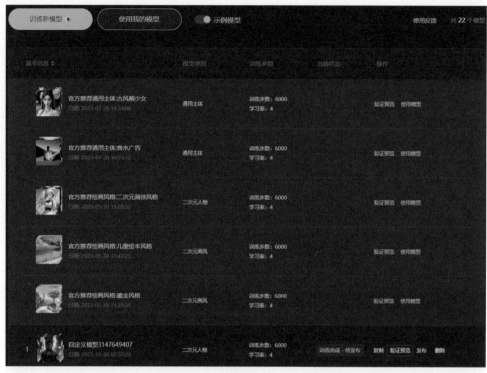

图4-12

图4-13

单击"使用模型"，如图4-14所示，然后输入描述词"正义战士街上走路"，生成效果如图4-15所示，可见新图的风格与人物形象与用于训练的图片相似。

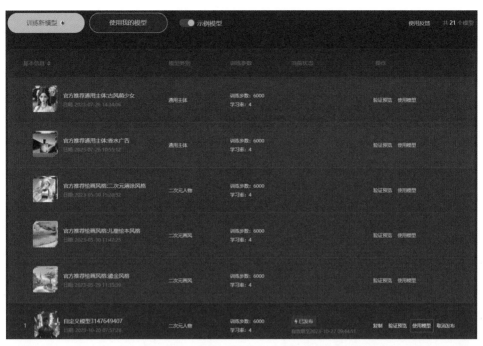

图4-14

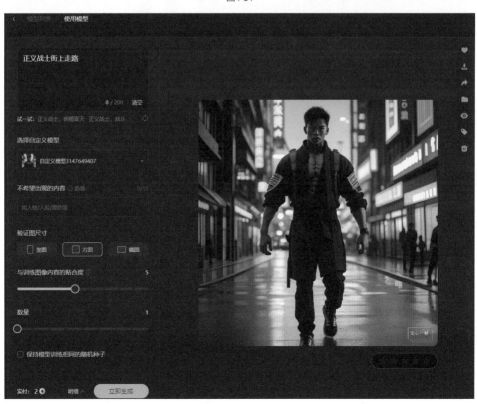

图4-15

如果希望生成的图片中出现正义战士的形象，描述词中便需要使用训练时指定的标记词"正义战士"。如果描述词中没有训练时指定的标记词，则生成的图片中不会出现正义战士的形象。例如，输入描述词"勇敢的人街上走路"，生成图中是完全不一样的人物形象，如图4-16所示。

图4-16

▶ 学习回顾

01 使用"人物动作识别再创作"生成新的图片。
02 使用"线稿识别再创作"生成新的图片。
03 使用"自定义模型"训练自己的模型并发布，然后使用新模型生成图片。

第 5 章

商业实战——绘画作品

　　常见的绘画风格包括漫画风格、油画风格、水墨画风格、水彩画风格等。传统的绘画创作常常需要花费画手很长的时间，而现在借助文心一格，没有美术基础的"小白"也能几秒钟就创作出一幅效果不错且满足一定需求的绘画作品。

　　本章将从漫画、油画、水墨画、水彩画、素描和黑白画这6个方面来展示如何使用文心一格快速生成一幅符合需求的绘画作品。

5.1 漫画

漫画的应用非常广泛，如绘本、游戏美术、影视美术、广告设计、周边定制等。

在使用文心一格和文心一言进行漫画创作时，可以从人物、场景、动作、情感等方面考虑描述词的写作，以下选择了漫画常用的二次元风格作为示例。

在人物设计方面，如果想强调人物的形象特征，可以使用描述外貌、服装、姿势等关于形象的描述词，例如"一个短发、戴眼镜的女孩，穿着蓝色的校服，自信地向前进"，生成效果如图5-1所示。

图5-1

在人物设计方面，如果想强调人物的情绪或情感，可以使用描述情绪、情感的描述词，例如"这个人物看起来很生气，他的眉头紧锁着"，生成效果如图5-2所示。

图5-2

在人物设计方面，如果想强调人物的效果，可以使用形容光影、魔法技能等的描述词，例如"这个人物在使用魔法，发出了强烈的光芒"，生成效果如图5-3所示。

图5-3

在人物设计方面，如果想强调人物的动作，可以使用奔跑、走路等与人物动作有关的描述词，或者形容衣物、头发动势的描述词，例如"这个人物正在奔跑，她的头发随风飘动"，生成效果如图5-4所示。

图5-4

在场景设计方面，如果想强调场景的现实氛围与生活感，可以使用描述地点、自然景物或人文景物等的描述词，例如"在一片荒凉的沙漠中，有几棵孤独的仙人掌"，生成效果如图5-5所示。

图5-5

另外，在场景设计方面，如果想强调场景的主题或风格，可以在描述词中加入科幻、未来、赛博朋克等词汇，例如"以科幻为主题，描绘一个未来的城市"，生成效果如图5-6所示。

图5-6

下面示例如何使用文心一格并结合文心一言，生成题材为"正义战士"的5幅有连续故事情节的漫画作品，以下是与文心一言的对话。

笔者：你作为有经验的漫画创作者，请根据"正义战士，赛博朋克城市，暗黑风，阴森，霓虹灯，满画幅，集体照"这些关键词为我设计漫画作品的故事情节。要求：漫画作品共分5幅来讲述完整的故事。请为我进行故事情节设计、场景设计。

文心一言：好的，以下是根据您的要求进行的故事情节设计、场景设计。

故事情节设计：

在这个城市中，正义战士一直在保护着市民。夜晚，这座城市被霓虹灯所包围，每个角落都充满了绚丽的色彩。然而，这个城市并不像表面上那样美好，它隐藏着许多不为人知的秘密。

一天晚上，正义战士发现一个邪恶组织打算制造一场大灾难。为了阻止这个阴谋，正义战士决定深入敌人内部，揭露这个邪恶组织的真实面目。

场景设计：

第1张： 正义战士在楼顶观察着周围的情况。他的目光被远处一座高楼的霓虹灯吸引，上面有一个邪恶组织的标志。他准备深入调查这个组织正在酝酿的阴谋。

第2张： 正义战士潜入了这个组织的大本营，发现了一个巨大的实验室。在实验室里，科学家们正忙着研制各种危险的物质。他必须小心翼翼地行动，以免被敌人发现。

第3张： 正义战士和敌人展开了激烈的战斗。他使用各种技巧和装备，终于打败了敌人并揭露了这个邪恶组织的真实面目。

第4张： 正义战士向市民公布了这个邪恶组织的阴谋，并呼吁大家团结起来阻止这场大灾难的发生。

第5张： 市民们齐心协力，最终阻止了邪恶组织实现他们的阴谋。正义战士和市民一起拍照留念，庆祝这个胜利时刻，这也展示出了这个城市中人们的团结。

进一步请文心一言根据上面的场景设计使用文心一格生成漫画作品时所用的描述词，并增加具体描绘人物、场景、情节发展、画面效果、动作等方面的词语，以增强画面效果。

笔者：请帮我把上面的5幅漫画作品的场景设计转换成用文心一格生成漫画作品时所用的描述词，描述词中有具体描绘人物、场景、情节发展、画面效果、动作等方面的词语。

文心一言：好的，以下是根据您的要求对之前提供的5个场景设计进行具体描绘的描述词。

①在一座被霓虹灯装点的高楼屋顶上，正义战士挺拔的身影在夜色中显得孤独且坚定。他正专心地观察着远处的某个目标，那是一个邪恶组织的标志。他准备揭露这个邪恶组织的真实面目。

②在阴暗的地下实验室中，正义战士小心翼翼地行动着，避开了一波又一波的敌人。他目光坚定，知道这是一个艰难的任务，但为了揭露邪恶组织的真实面目，他决不退缩。

③实验室里的战斗愈发激烈，正义战士巧妙地躲避着敌人的攻击并寻找反击的机会。他使出"招牌"格斗技巧，打败了眼前的敌人，知晓了邪恶组织的秘密。

④正义战士站在市中心的广场上，呼吁市民们联合起来阻止大灾难的发生。他用力挥舞着手臂，激发出市民们的斗志。

⑤市民们齐心协力，成功阻止了邪恶组织实现阴谋。画面中大家欢声雷动，一起拍照留念庆祝这个胜利时刻，这展示出了这个城市中人们的团结。

接下来将文心一言给出的描述词输入文心一格的描述词输入框中，便可生成对应的漫画作品。为了使5幅漫画作品风格一致，这里使用了4.4节中训练的模型。

进入文心一格并在"实验室"页面单击"自定义模型"，如图5-7所示。

图5-7

进入"自定义模型"页面，找到之前训练的模型并单击"使用模型"，如图5-8所示。

图5-8

在描述词输入框中输入经过修改完善后的文心一言生成的描述词，单击"立即生成"按钮，如图5-9所示。

图5-9

如果生成的图片不符合自己的要求，可以继续请文心一言修改或自行修改描述词，或者让文心一格多生成几次。经过调整，得到5幅与描述词相符的作品，如图5-10~图5-14所示（描述词同时可以作为与这些漫画作品匹配的故事文本）。

💡 **描述词**

在一座被霓虹灯装点的高楼屋顶上，正义战士挺拔的身影在夜色中显得孤独且坚定。他正专心地观察着远处的某个目标，那是一个邪恶组织的标志。他准备揭露这个邪恶组织的真实面目

图5-10

💡 **描述词**

在阴暗的地下实验室中，正义战士小心翼翼地行动着，避开了一波又一波的敌人。实验室位于地下深处，由坚固的钢筋和混凝土墙壁构成，给人一种冰冷、机械的感觉。实验室内部充满了复杂的设备和仪器，以及各种形状和大小的容器，其中装满了各种颜色的液体。这些液体的表面不断波动，折射出诡异的光芒

图5-11

💡 **描述词**

　　在地下实验室中，钢筋混凝土形成的坚固墙壁营造出冰冷且机械的氛围。正义战士用灵巧的身法躲避敌人攻击，同时寻找反击时机。他使出"招牌"格斗技巧，瞬间打败敌人，但战斗并未结束。更多的敌人如潮水般涌来，正义战士却毫无惧色。他利用环境与周围设备，一次次化险为夷。当他逐渐接近邪恶组织的核心区域时，真相也即将揭晓

图5-12

💡 **描述词**

　　市中心的广场上人山人海，正义战士在高台上面对着人群发表演讲。他的目光坚定，声音深沉有力。他挥舞着的手臂如同一根指挥棒，激发出市民们的斗志。"这座城市是我们的家园。现在，它正面临一场前所未有的危机。我们需要团结起来，阻止这场大灾难的发生。"他的声音在广场上回荡。市民们聚集在他周围，准备好了迎接挑战。他们的脸上充满坚定

图5-13

　　市民们齐心协力，成功阻止了邪恶组织实现阴谋。画面中大家欢声雷动，正义战士脸上洋溢着开心的笑容，他和市民一起拍照留念，庆祝这个胜利时刻

图5-14

　　上面5幅漫画作品通过图片、文字的结合，讲述了一个宣传正义、抵制邪恶的小故事。

　　如果要根据故事来创作绘本，可以让文心一言从已有的故事情节中提炼出关键词，用于文心一格生成插画。

　　下面是使用文心一言提供的关于《西游记》的描述词生成的图片，如图5-15~图5-18所示。生成的画面中有一定的瑕疵与漏洞，但整体符合描述词的描述。

图5-15

💡 **描述词**

　　《西游记》绘本插画，天庭上云雾缭绕，王母娘娘和仙人正在商量对策

图5-16

💡 **描述词**

　　《西游记》绘本插画，孙悟空与天兵打斗场面

图5-17

💡 **描述词**

　　《西游记》绘本插画，孙悟空站在云朵上飘过来

图5-18

除了生成绘本插画，还可以通过文心一格生成游戏角色插画。首先可以让文心一言提供游戏主题和目标，以下是具体对话过程。

笔者：你是游戏设计专家，请帮我设计一个游戏的主题和目标。

文心一言：当然，我很乐意为你设计一个游戏的主题和目标。以下是一个示例。

游戏主题： 太空探险。

游戏目标： 玩家需要在太空中探索未知的星球、收集资源和建立基地，并抵御来自敌对势力的攻击。

游戏玩法： 玩家可以控制一艘太空船在太空中移动，探索周围的星球，并采集资源（如燃料、金属等）。玩家还可以在星球上建立基地，并生产更多的资源。同时，玩家需要防御来自敌对势力的攻击，保护自己的基地和资源。

胜利条件： 玩家的目标是成为太空中的最强势力，通过不断探索、生产和防御，扩大自己的领土和资源储备。最终，玩家需要在游戏中积累足够高的分数或占领足够多的星球，以获得胜利。

游戏流程： 游戏开始时玩家会进入一个太空站，并接受任务去探索附近的星球。随着游戏的进展，玩家会遇到越来越多的敌对势力，并需要不断地升级自己的太空船和基地，以应对更强大的挑战。

游戏元素： 游戏中的元素包括太空船、基地、资源采集器、防御装置、敌对势力等。每个元素都有其独特的特点和作用，为游戏增添了多样性和可玩性。

接下来根据游戏的主题设计游戏角色，以下是具体对话过程。

笔者：请帮我设计一个游戏角色。设计内容包括角色的特征，如性别、身高、性格、外貌等，还有他们的衣服、配饰等特征。

文心一言：好的，以下是一个游戏角色的设计。

角色名称： 莉娜。

性别： 女性。

身高： 1.65米。

性格： 热情洋溢、爱冒险、有些神经质但充满活力。

外貌： 莉娜有一头鲜艳的橙色长发，通常扎成两个丸子头。

衣服： 她通常穿着一件布满各种魔法符文的法袍，法袍下摆散发出淡淡的魔法光芒。她背着一个巨大的魔法背包，里面装满了各种魔法材料和图书。

配饰： 莉娜的武器是一根镶嵌着一块紫水晶的魔杖，魔杖能够释放各种强大的魔法攻击。她的腰间系着一个皮质腰带，用来存放她的魔杖。此外，她戴着一条由凤凰羽毛制成的项链，这是她从一位法师那里获得的心爱之物。

然后为角色设计出场的画面，以下是具体对话过程。

笔者：请为莉娜设计一个出场的画面，包括她所处的环境，她的衣服特征、配饰特征，以及她要做的事情和任务。

文心一言：好的，以下是莉娜的出场画面设计。

环境：

莉娜站在一片神秘的森林中，森林中的树木高大且古老，树叶呈现出深绿色和橙色的混合色。阳光透过树叶的缝隙，洒在她的身上，让她看起来更加神秘和充满活力。她的身边有一个巨大的魔法水晶，发出淡淡的光芒。

衣服特征：

莉娜身穿一件鲜艳的橙色法袍，上面布满了各种魔法符文，这些符文在阳光下闪烁着光芒。她的法袍下摆散发出魔法光芒，与森林形成鲜明的对比。她的长发被橙色的发带盘起，她看起来既可爱又神秘。

配饰特征：

莉娜的武器是一根镶嵌着一块紫水晶的魔杖，她的腰间系着一个皮质腰带，用来存放她的魔杖。此外，她戴着一条由凤凰羽毛制成的项链，这是她从一位法师那里获得的心爱之物。

要做的事情和任务：

莉娜正在寻找一个被诅咒的宝藏，据说这个宝藏能够解开她家族的秘密。她需要使用她的魔法技能和智慧，破解迷宫般的森林的秘密，找到通往宝藏的路径。在这个过程中，她需要与森林中的各种怪物战斗，并解开复杂的谜题。这个任务对她来说既充满了挑战，也充满了机遇。

最后让文心一言将上面的描述控制在180字以内，以下是具体对话过程。

笔者：可以把你刚才设计的画面浓缩成180字以内吗？

文心一言：在神秘的古老森林中，莉娜身穿橙色法袍，头发盘起，手持镶嵌紫水晶的魔杖。她正在寻找被诅咒的宝藏，身侧的魔杖发出淡淡的光芒。她需要用智慧破解森林的秘密，打败怪物，最终找到宝藏。

在文心一言提供的描述词前加上表明主题的描述词"设计一个游戏画面"，将描述词输入文心一格，生成的图片如图5-19所示。

图5-19

5.2 油画

油画可以用于室内装饰（墙挂）、广告设计等领域。在使用文心一格生成油画时，可能会用到以下描述词。

主题： 人物、风景、静物等。

风格： 抽象主义、印象派、现实主义、表现主义、古典主义、超现实主义等。

构图： 对称、平衡、重复、对比、构图巧妙、富有创意、具有视觉冲击力和艺术感等。

色彩： 明亮、暗淡、鲜艳、丰富、饱满、有层次感等。

光影： 明暗对比、高光、阴影、渐变、反射光、自然光影等。

笔触： 粗犷、细腻、流畅、有力、轻盈等。

纹理： 粗糙、光滑、细腻等。

感觉： 温暖、冷静、浪漫等。

时间： 日间、夜间、黄昏等。

情绪： 喜悦、悲伤、平静、快乐、热烈等。

以下是根据上述参考构思描述词或参考文心一言提供的描述词生成的油画，如图5-20~图5-25所示。

💡 **描述词**

油画，茫茫草原，远处有巍峨的群山、蓝蓝的天空，近处有吃草的马群，笔触粗犷，表现力丰富，光影对比强烈，大师作品

图5-20

💡 **描述词**

　　油画，注重色彩的对比与和谐，以富有张力的笔触勾勒出山川的磅礴气势，并通过对光影的处理营造出宁静而神秘的氛围

图5-21

💡 **描述词**

　　油画，宁静的湖面倒映着蔚蓝的天空和云彩，湖面与周围山景相映成趣，展现出大自然的恬静与和谐

图5-22

💡 **描述词**

油画,展现秋日森林,画面中的树木被色彩渲染,独特的构图和光影效果则凸显了森林的宁静与神秘

图5-23

💡 **描述词**

油画,展现春天的花海,以明亮的色彩表现花朵的鲜艳与生机,花海的广阔、壮观,让人感受到春天的气息和生命的活力

图5-24

💡 **描述词**

　　油画，呈现日落时分的海岸，注重远近感和空间感的处理，以细腻的笔触和温暖的色彩展现海风轻拂与落霞满天的美丽景色

图5-25

　　如果只明确了主题，对于其他描述词没有灵感，可以使用文心一言生成描述词。

　　例如，直接询问文心一言："我想要制作一幅以'日出海面'为主题的油画，请帮我生成一段适用于文心一格'以文生图'的描述词。"文心一言给出的相关描述词如下，根据描述词生成的油画如图5-26所示。

💡 **描述词**

　　以"日出海面"为主题的油画，海面波涛起伏，随着太阳的升起，色彩从深蓝渐变为暖黄。画面中一个男人坐在岸边的岩石上，面对着初升的太阳，他的脸庞沐浴在金色的阳光下。画面表现出海面的波纹、岩石的坚硬及阳光的温暖

图5-26

5.3 水墨画

水墨画意境深远，如今在设计领域有比较广泛的应用，如广告设计、包装设计等，这体现产品的传统特色和文化底蕴。在使用文心一格生成水墨画时，可能会用到以下描述词。

构图和布局： 一角式布局、平行式布局、对角线式布局、对称式布局、碎片式布局、层次式布局等。

主题和内容： 山水、花鸟、人物等。

情感和意境： 孤独、宁静、神秘等。

细节和纹理： 注意树枝、树叶、石头等细节的刻画。

光影和明暗： 尝试使用光影和明暗功能，营造出更具有层次感和立体感的水墨画效果。

反复和重叠： 在某个区域使用反复和重叠的手法，营造出更丰富的视觉效果。

速度和节奏： 注意绘画的速度和节奏，适当的停顿和重复可以营造出更好的效果。

以下是根据上述参考构思描述词或参考文心一言提供的描述词生成的水墨画，如图5-27~图5-35所示。

💡 **描述词**

水墨画，山间古寺，利用一角式构图将画面聚焦于山间的古寺，描绘出古朴、宁静的氛围

图5-27

描述词

水墨画，远山古寺，分层
式布局，以远山为主要元素，
将古寺置于中景或近景，表现
出山间的静谧和深远

图5-28

描述词

水墨画，一个孤独的男
孩，在寂静的夜晚中他显得格
外落寞。他背对着观众，向右
边看去，我们能感受到他内心
深处的孤独和落寞。他身着
朴素的衣服，他的身形显得有
些瘦弱。他的眼神深邃而内
敛，他仿佛在思考着什么，又
仿佛在寻找着什么。整个画
面以淡雅的色调为主

图5-29

水墨画，在画面中描绘出一个温馨的家庭场景，使用柔和的色调来表现家庭的温馨与和睦

图5-30

水墨画，在画面中表现出精细的花瓣和柔和的色调，表现花瓣的轻盈、柔美，营造出一种优美、浪漫的感觉

图5-31

💡 **描述词**

　　水墨画，在画面中表现出秀美的山峰，突出山峰的优美和立体感，营造出一种壮丽、神秘的感觉

图5-32

💡 **描述词**

　　水墨画，在画面中描绘出快速流淌的溪流，使用短小的线条表现出水的动感

图5-33

♀ **描述词**

水墨画，在画面中描绘出茂密的森林，使用大量的树木和枝叶来表现森林的生机，通过反复出现和重叠交错，营造出一种繁茂的感觉

图5-34

♀ **描述词**

水墨画，在画面中描绘出繁华的城市景象，使用人群和多个建筑来表现城市的繁华和活力，通过反复出现和重叠交错，营造出一种热闹、忙碌的感觉

图5-35

5.4 水彩画

水彩透明无覆盖力，流动性强，因此水彩画显得明亮清透，能够表现轻快的感觉。水彩画在商业上的应用非常广泛，可以用作各种类型的插画、设计作品。

在使用文心一格生成水彩画作品时，可使用这些描述词：色彩明亮、柔和温暖、孤独寂寞、清新自然、梦幻唯美、深邃悠远、细致入微、灵动飘逸、静谧优美、怀旧复古。

根据上述参考构思描述词或参考文心一言提供的描述词生成的水彩画，如图5-36和图5-37所示。

图5-36

💡 **描述词**

水彩画，静谧优美的林中小木屋

💡 **描述词**

水彩画，在森林深处，阳光透过茂密的树叶洒在青苔和蘑菇上，小溪在石头间穿梭，水流潺潺。棕色的树干、绿色的树叶、蓝色的天空和白色的云朵，共同构成了一幅清新自然的画面

图5-37

5.5 素描

素描的主要特点包括单色绘制、强调结构、追求真实感，以及以线条为主要表现手段等。在使用文心一格生成素描作品时，可能会用到以下描述词。

风格：黑白素描、灰度素描、彩色素描等。

线条：粗线条、线条流畅、线条概括等。

阴影和光照：突出阴影、增加光照效果等。

背景和前景：添加背景、突出背景、突出前景等。

根据上述参考构思描述词或参考文心一言提供的描述词生成的素描作品，如图5-38和图5-39所示。

图5-38

💡 **描述词**

素描，单色线条，画面中心一只雄鸡，羽毛丰满，层次分明，清晰的轮廓

💡 **描述词**

素描，单色线条，一个小男孩穿着校服并背着书包走在一条小路上，有质感，明暗对比

图5-39

5.6 黑白画

黑白画主要利用点、线、面,以及黑、白、灰的组合来形成画面,在日常生活中可以起到一定的装饰效果。黑白画常用作广告插画,通过简洁的线条和极简的色彩来吸引消费者的注意力。同时黑白画也广泛应用于各种装饰物品上,如墙纸、地毯等。在使用文心一格生成黑白画时,可能会用到以下描述词。

线条: 使用不同的线条来表现毛发、肌理和骨骼结构。

块面: 使用不同的颜色和明暗关系来表现立体感和质感。

光影: 使用不同的光源和阴影效果来表现形态、结构和质感。

细节: 描绘面部特征,如眼睛、耳朵、鼻子、嘴巴等的细节,以表达个性和情感状态。

背景: 使用不同的背景来表现所处的环境和氛围。

以下是根据上述参考构思描述词或参考文心一言提供的描述词生成的黑白画,如图5-40和图5-41所示。

💡 **描述词**

黑白画,水牛吃草,使用粗细不一的线条来表现水牛的毛发,使用黑色和灰色块面来表现牛的阴影和暗部,用白色块面来表现它的高光和亮部,通过描绘水牛温柔的眼神来表现出它温和的性格

💡 **描述词**

黑白画,以农民劳作为主题,用精细线条描绘出农民在田间劳作的形态,背景中用灰色块面表现远处田野和山脉,用白色块面表现天空中的云彩,形成层次分明的画面。特别注意农民的表情和动作,以及劳作时的细节处理,使画面充满真实感和生动性。最后,在画面的空白处添加一些简单图案或纹理,以提升整体的美感和感染力

图5-40

图5-41

从图5-41可以看到，农民手中出现的弓不合理，我们可以通过使用前面学习的"AI编辑"功能来抹掉或替换该部分。在"涂抹编辑"页面中打开图5-41，然后通过鼠标指针涂抹弓所在位置，如图5-42所示。

图5-42

经过反复几次调整后，得到图5-43所示的效果。

图5-43

▶ 学习回顾

01 请使用文心一格创作一幅漫画作品。

02 请使用文心一格创作一幅油画作品，展现你喜欢的风景或人物，尝试表现出油画特有的笔触和色彩表现方式。

03 请使用文心一格创作一幅展现富有中国传统文化气息的场景或人物的水墨画作品，尝试利用水墨的特性来表现山水、花鸟或人物等元素。

04 请使用文心一格创作一幅展现你喜欢的季节或天气的水彩画作品，尝试利用色彩的渲染和对比来表现。

05 请使用文心一格设计一幅展现写实人像的素描作品，尝试利用线条和阴影来表现细节。

06 请使用文心一格创作一幅展现强烈对比的场景的黑白画作品，尝试利用黑白的对比和排布来表现创意和主题。

第 6 章

商业实战——平面设计

　　平面设计旨在利用图形、文字和色彩等元素制作出具有美感的作品，吸引受众注意力，进而达到传达信息、提高品牌知名度或促进销售的目的。传统的平面设计要求设计人员具备一定的美术基本功，熟练运用设计软件并拥有创意和想象力。文心一格相当于拥有美术基本功、创意和想象力、高效创作能力的平面设计大师，我们只需学会使用文心一格进行创作的技巧，便能大大提高设计效率。

　　本章将从Logo设计、字体设计、海报设计、贺卡设计、请柬设计5个方面来展示如何使用文心一格生成符合需求的平面设计作品。

6.1 Logo设计

Logo（标志）是品牌形象识别系统中重要的部分之一，它是一个企业或品牌视觉形象的核心，用以表明企业的理念、价值观和特色。一个好的Logo设计可以传达出企业的品牌形象，帮助消费者识别和记忆品牌，提高品牌知名度，提高消费者对品牌的忠诚度，从而促进销售转化。

在使用文心一格生成Logo时，因为文心一格一般只支持中文描述词，不支持英文描述词，因此可以用"标志设计"表明主题。例如，设计一个关于狮子的标志可以采用以下描述词，生成效果如图6-1所示。

图6-1

💡 **描述词**

标志设计，三角形，狮子图案，渐变效果，带光泽

如果想设计一个有创意的养生店的标志，可采用以下描述词，生成效果如图6-2所示。

图6-2

💡 **描述词**

以一个富有活力和健康气息的图形作为标志，融合养生与健康元素。以绿色的枝叶和花朵象征自然与生命力，结合动态曲线与心形图案，体现健康、活跃与和谐。颜色选用生机盎然的绿色和明亮的橙色

6.2 字体设计

字体设计是指对文字的形状、大小、线条粗细、间距和样式等进行设计，目的在于将信息更清晰、更生动地传递出去。如今，字体设计广泛应用于各种媒体，包括印刷媒体、电子媒体等。

目前一些AI绘画工具，包括文心一格，所生成的图片中的文字常常是乱码，如图6-3所示。

图6-3

在文心一格中，我们可以借助"艺术字"功能来生成准确的汉字。例如，在"艺术字"页面的汉字输入框中输入"邀请卡"，在"字体创意"输入框中输入"请柬，中国婚礼邀请卡"，"字体大小"选择"小"，"字体位置"选择"画面下方"，"排版方向"选择"单排横向"，如图6-4所示。

图6-4

单击"立即生成"按钮后，生成的带有汉字的请柬如图6-5所示。

图6-5

又如在汉字输入框中输入汉字"福"，在"字体创意"输入框中输入"花卉，水彩风格，宁静，福字金光闪闪"，"字体大小"选择"小"，"字体位置"选择"居中"，生成效果如图6-6所示。

图6-6

再如在汉字输入框中输入汉字"云"，在"字体创意"输入框中输入"清晰立体，夏天，透明质感，像果冻一样"，"字体布局"选择"默认"，生成效果如图6-7所示。

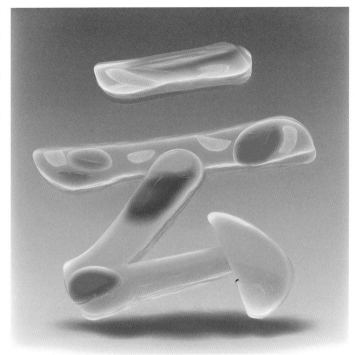

图6-7

如果一家名叫"百草园"的养生品牌要根据"百草园"3个字设计标志，需要突出和谐、健康的感觉，可采用以下描述词，生成效果如图6-8所示（如果需要调整生成后的文字位置，可以使用Photoshop来处理）。

💡 描述词

　　百草园标志设计，养生品牌。圆形代表和谐、健康，绿色草药图案展现专业性，简洁、清晰，吸引消费者

图6-8

6.3 海报设计

海报设计是指结合图形、文字、色彩等元素，为宣传某个活动、事件或产品而进行的设计工作。海报设计能够将宣传信息以简洁、直观、生动的方式呈现给受众，引起他们的兴趣和注意，并激发他们的购买欲望，从而促进销售和提升品牌形象。

前面提到文心一格有专门的海报生成功能，相应页面如图6-9所示。这里详细讲解如何使用"海报"来生成符合需求的海报作品。在"海报"页面，"海报主体"和"海报背景"是生成海报作品时需要重点考虑的两个部分。

确定海报作品中的主体元素时，可以围绕以下几点进行考虑。

目标受众： 考虑目标受众的喜好、需求和兴趣点，从而决定在海报中应该呈现什么主体元素。例如，如果目标受众是年轻人，那么可以选择一些时尚、潮流的主体元素。

宣传目标： 考虑海报的宣传目标，通过文字、图形等元素来吸引受众注意或传递信息。

品牌形象： 海报的设计风格需要与品牌形象相符，传达品牌的价值、定位和特点。

在选择背景元素时，需要考虑背景元素与主体元素的协调性、色彩搭配的合理性和背景元素与品牌形象的相符性。

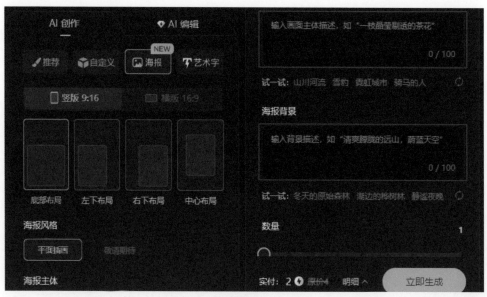

图6-9

如果对于描述词没有灵感，则可以借助文心一言来生成相关描述词。下面以设计"读书活动"的海报为例，展示如何通过文心一言来生成相关描述词，并使用生成的描述词来生成图片。

笔者：我们公司将举办一个读书会活动，需要生成一张海报，海报需要突出进步、阅读、力量等内容。海报中应该具有什么样的主体元素呢？背景是怎样的呢？文字是怎样的呢？

文心一言：以下是根据您的要求生成的设计方案。

书：可以是大部头的图书或一堆书的缩影，象征知识的海洋和阅读的乐趣。

笔：象征写作和记录，表示通过阅读我们能够获得力量和灵感，进而有所产出。

笔记本或写字板：象征学习、理解和吸收新知识的过程，也是我们思想和知识的输出工具。

阶梯或向上的箭头：象征进步，表示我们通过阅读和学习可以不断成长和提升。

在背景方面，建议使用淡雅的色调，如淡蓝色、淡灰色或淡米色，这些颜色可以营造出一种平静和专注的氛围。如果想要添加一些视觉效果，可以考虑使用渐变效果或纹理，如从淡色渐变到深色，或在背景中添加一些类似光线的视觉元素。

至于文字，可以选择醒目的字体，以强调活动的重要性。

"进步源于阅读"：这个标题可以放在海报的顶部或底部，使用一种醒目的字体和颜色。

"加入我们，一起探索知识的力量"：这个句子可以放在海报的中心或下方，字号稍小一些，颜色可以选择与背景颜色形成对比的颜色。

"活动时间……""活动地点……"：这部分信息需要使用小一些但易于阅读的字体，放在海报的底部。

至于字体颜色，建议使用黑色或深蓝色，这两种颜色都非常醒目且易于阅读。对于字体格式，可以选择一些现代、简约的字体格式。这样可以更好地突出文字信息，也能让整张海报看起来更专业、有活力。

参考文心一言给出的方案，我们在"海报主体"输入框中输入"大部头的图书，笔，笔记本，阶梯或向上的箭头"，在"海报背景"输入框中输入"淡雅的色调，淡蓝色，渐变效果，从淡色渐变到深色，一些类似光线的视觉元素"。"排版布局"选择"竖版9：16"和"底部布局"，"海报风格"为"平面插画"，生成效果如图6-10所示。

图6-10   图6-11

当然，文心一言给出的方案仅供参考，如果发现生成图片的效果不是我们想要的，可以进一步修改、调整。使用Photoshop或其他工具添加文字后，效果如图6-11所示。

6.4 贺卡设计

贺卡通常用于表达祝福、关怀和感谢等情感，如果使用文心一格生成贺卡，可能会用到温暖、创意、色彩鲜艳、可爱、简洁等有关贺卡主题、场景、特色的描述词。

以下是根据上述参考构思描述词生成的贺卡设计图，如图6-12~图6-14所示。

💡 **描述词**

教师节贺卡，色彩鲜艳

图6-12

💡 **描述词**

中国春节贺卡，创意，温暖

图6-13

💡 **描述词**

贺卡设计，生日贺卡，创意，温暖

图6-14

6.5 请柬设计

请柬设计是指为婚礼、活动、节日等的邀请函进行的视觉和文字设计，目的在于通过有创意和个性化的设计，吸引受邀宾客的注意并激发他们的参与热情。请柬设计通常包括对请柬的外形、颜色、字体、图片、版式等的设计，需要根据不同的主题和风格进行创意和定制。

使用文心一格生成请柬图片时，可能会用到庆典、宴会、聚会、婚礼、纪念和时尚等有关请柬主题、氛围的描述词。

右边是根据上述参考构思描述词生成的请柬设计图，如图6-15~图6-17所示。

图6-15

💡 **描述词**

请柬设计，婚礼

图6-16

💡 **描述词**

请柬设计，招商会，隆重，高贵，中国城市形象

图6-17

01 请使用文心一格设计一个Logo，要求体现"环保"主题，尝试使用简洁的图形和颜色。

02 请使用文心一格进行环保宣传活动的字体设计，要求字体风格独特且具有吸引力，能够引起人们的关注。

03 请使用文心一格设计一张环保宣传活动的海报，尝试使用图形和颜色来吸引人们的注意，并确保海报中的信息清晰易懂。

04 请使用文心一格设计一张感谢参与环保活动的贺卡，贺卡要求简洁明了，充满温馨感。

05 请使用文心一格设计一张环保活动的请柬，请柬要求庄重且具有吸引力，能够引起人们的兴趣和期待。

第 7 章

商业实战——产品与包装设计

产品与包装设计是工业设计的一部分，它以工业产品为主要对象，关注产品及其包装和展示方式，旨在提高产品的质量、美观度和吸引力，增强产品的市场竞争力。

本章将从服装设计、珠宝设计、电子产品包装设计、食品包装设计等9个方面来展示如何使用文心一格来生成符合需求的产品与包装设计图。

7.1 产品设计

在我们的生活中,产品设计无处不在。例如,一把勺子是什么材质的,羹匙与长柄的比例是多少,哪种弧度的设计更容易盛取食物,都是产品设计师需要考虑的问题。下面讲解如何通过文心一格和文心一言来生成产品设计图。

7.1.1 服装设计

服装设计是通过创造性的思维和技巧,将想法和概念转化为具体的服装的过程。它涉及从设计构思到最终成品的整个过程,包括设计理念的确定、图案和色彩的选择、剪裁和缝制的技术处理等。在使用文心一格进行服装设计时,可能会用到以下描述词。

风格: 时尚、休闲、正式、运动、现代简约、复古、未来主义等。

材质: 棉、麻、丝绸、毛绒、皮革等。

颜色: 黑色、白色、红色、蓝色、绿色等。

图案: 花纹、条纹、点状等。

细节: 领口、袖口、扣子、口袋、褶皱、蕾丝花边、刺绣图案、荷叶边装饰等。

款式: 修身、宽松、长款、短款等。

季节: 春季、夏季、秋季、冬季等。

类别: 上衣、裤子、裙子、鞋子、外套等。

人物: 男性、女性、儿童等。

人物身材: 苗条、丰满、高挑等。

流行元素: 露肩、高腰线、喇叭裤等。

文化元素: 汉服、洛丽塔等。

以下是根据上述参考构思描述词生成的服装设计图,如图7-1~图7-5所示。

💡 **描述词**

服装款式设计,上衣,传统唐装,新样式,新潮流,新时尚

图7-1

💡 **描述词**

　　服装款式设计，中国男性商务装，模特全身像，深蓝色，细条纹，领带，简洁的线条，使用光线和阴影来强调服装的纹理和细节

图7-2

💡 **描述词**

　　服装款式设计，中国儿童服装设计，服装显示完整，颜色为红色，宽松、柔软，简单的线条与传统风格的图案

图7-3

💡 **描述词**

服装款式设计，上衣，唐装，新样式，新潮流，新时尚

图7-4

💡 **描述词**

裤子设计，一条时尚的牛仔裤，中国男人穿，采用舒适柔软的布料制作，修身、直筒的版型设计展现出优美的腿部线条。整体简洁大方又不失设计感，具有时尚气息

图7-5

如果想通过文心一言来获取关于服装设计的描述词，可以这样沟通："我需要使用文心一格生成上衣的款式设计图。请考虑时尚、艺术等因素生成服装设计文案，该文案用作文心一格'以文生图'的描述词。你的输出不要超过180字。"

获得的描述词如下，根据描述词生成的效果如图7-6所示。

图7-6

💡 **描述词**

这款上衣以白色为基调，上面布满彩色的手绘图案，给人一种艺术感。整体而言，这款上衣非常适合追求个性化和艺术感的人穿

下面分别展示与服装的印花图案、面料和色彩搭配相关的生成示例，如图7-7~图7-9所示。

图7-7

💡 **描述词**

服装面料花纹设计，浅绿色与米白色交织，细腻的树叶与花朵图案，深蓝色的线条勾勒出优雅的轮廓，金色的点缀增添了几分华丽与贵气。整个画面和谐、平衡，既展现了面料的柔软与舒适，又凸显了花纹的精致与独特

服装设计，面料采用天然纤维制成，柔软舒适，具有极佳的透气性，手感细腻、柔滑，给人一种高贵、典雅的感觉

图7-8

💡 **描述词**

服装设计，服装色彩搭配设计，一组柔和而优雅的色彩搭配，包括淡粉色、淡紫色和米白色。这些色彩相互融合，营造出一种梦幻而浪漫的氛围，女性晚礼服或婚纱

图7-9

7.1.2 珠宝设计

珠宝是指用贵金属及其他材料设计制作的工艺品，通常具有较高的品质和制作工艺水平，以及较高的收藏价值。在使用文心一格生成珠宝设计图时，可能会用到以下描述词。

珠宝类型： 项链、手链、耳环、戒指、胸针等。

材质： 黄金、铂金、银、珍珠、宝石等。

色彩： 金色、银色、白色、黑色、粉色、蓝色等。

风格类型： 古典、现代、简约、奢华、复古、时尚、华丽、民族风等。

设计元素： 花朵、动物、几何图形、自然元素等。

寓意象征： 爱情、友谊、财富、健康、幸福等。

用途： 日常佩戴、婚礼佩戴、商务搭配、参加晚宴等。

特点： 优雅、时尚、个性、独特等。

细节： 纹理、雕刻、镶嵌图案等。

右边是根据上述参考构思描述词生成的珠宝设计图，如图7-10和图7-11所示。

💡 **描述词**

首饰设计，戒指，金色，现代风格，兔子，寓意财富，商务搭配，时尚，独特

图7-10

💡 **描述词**

珠宝设计，戒指，戒指上有蝴蝶

图7-11

7.1.3 鞋子设计

鞋子设计要遵循实用、美观、舒适、经济的原则，对鞋子的造型、结构和制作方法进行构思。在使用文心一格生成鞋子设计图时，可能会用到以下描述词。

材料：皮革、合成革、橡胶等。

结构特性：支撑性、减震性、稳定性、灵活性、舒适度、功能性等。

市场需求：时尚、颜色搭配、款式设计、个性化、迎合消费者喜好等。

舒适性：贴合度、透气性、减震性、舒适度等。

功能性：支撑性、减震性、稳定性、灵活性等。

美观性：款式设计、颜色搭配、流行元素、个性化等。

工艺制作：制作工艺、缝缀工艺、搪塑工艺、模压工艺、黏合工艺、组装工艺、可行性、成本、质量。

版型制取：版型合理性、准确性、舒适度。

右边是根据上述参考构思描述词生成的鞋子设计图，如图7-12~图7-14所示。

💡 **描述词**

鞋子设计，减震，环保，舒适，时尚，皮革，缝缀工艺

图7-12

💡 **描述词**

鞋子草图，皮鞋，牛津底，减震，款式新颖，有个性

图7-13

💡 **描述词**

鞋子设计，手绘，高弹性布料，简约时尚

图7-14

7.1.4 箱包设计

箱包设计涉及对箱包的整体造型、细节、色彩搭配、材质选择、功能布局等方面的考虑。设计时需要考虑材质的多样性、结构设计的合理性、外观造型的美观性等。

在使用文心一格进行箱包设计时，可能会用到这些描述词：时尚、独特、创新、高端、实用、舒适、大容量、轻便、耐用、多功能、美观、色彩丰富、细节精致、材质高级、设计感、潮流、个性化、高品质、简约、储存空间、便携性、防水性、耐磨性、人体工学、品牌元素、创意元素、环保材料、安全性、易于清洁、肩带设计、拉链设计、防刮轮设计、多口袋设计、色彩搭配。

以下是根据上述参考构思描述词生成的箱包设计图，如图7-15~图7-18所示。

💡 **描述词**

箱包设计，时尚，创新，多口袋，真皮

图7-15

💡 **描述词**

背包设计，产品图片，鳄鱼皮材质带金色配件背包，女性多功能双肩小背包，背包上半部分为弧形

图7-16

💡 **描述词**

背包设计，产品图片，灰色背景，黑色背包，正面是白猫的脸

图7-17

💡 **描述词**

背包设计，产品图片，黄色休闲帆布水桶手提包，带金属索环，复古风格

图7-18

7.1.5 儿童玩具设计

儿童玩具设计涉及对玩具的外观、结构、功能、材料等方面的设计，同时要考虑到安全性、趣味性、易用性、耐用性和环保性等。在使用文心一格进行儿童玩具设计时，可能会用到以下描述词。

玩具类型： 积木玩具、玩偶玩具、益智玩具等。

目标人群： 幼儿、学龄前儿童等。

主题： 动物主题、科幻主题、教育主题等。

色彩： 色彩鲜艳、冷暖色调搭配等。

材料： 塑料、木质、毛绒等。

功能： 拼插功能、互动功能、益智功能等。

安全性： 无毒无害、符合安全标准等。

创新性： 设计独特、玩法新颖等。

耐用性： 经久耐用、不易损坏等。

环保性： 采用环保材料、可回收再利用等。

右图是根据上述参考构思描述词生成的儿童玩具设计图，如图7-19所示。

💡 **描述词**

积木玩具设计，幼儿玩具，动物主题，色彩鲜艳

图7-19

如果想通过文心一言来获取关于儿童玩具设计的描述词，可以这样沟通："我需要使用文心一格生成具有创意和教育意义的儿童玩具。请考虑时尚、教育性、趣味性、易用性等因素生成儿童玩具设计文案，该文案用作文心一格'以文生图'的描述词。你的输出不要超过180字。"

获得的描述词如下，根据描述词生成的效果如图7-20所示。

💡 **描述词**

儿童玩具设计，请画出一只可爱的毛绒玩具，形象来源于中国传统文化中的青牛精。玩具应具有青牛精的特征，包括深绿色的毛绒材质、卷曲的牛角和炯炯有神的眼睛。玩具的姿态可以设定为站立或行走，整体设计要充满童趣，适合儿童抱持和玩耍

图7-20

7.1.6 手办公仔设计

手办，是指以动漫、游戏、电影等作品中的角色为原型，制作和加工而成的小型模型。手办的主要特点是精细度高、材质优良、限量生产等。在使用文心一格进行手办设计时，可能会用到以下描述词。

手办风格： 动漫风格、写实风格、Q版风格等。

角色特征： 短发少女、机械战士、魔法少女等。

比例尺寸： 1/6比例、1/4比例、20厘米高等。

材质要求： 高档树脂材料、聚氯乙烯材料、金属材质等。

细节处理： 精细雕刻、质感涂装、华丽装饰等。

色彩搭配： 鲜艳的色彩、冷暖色调搭配、渐变色彩等。

生产工艺： 注塑工艺、手工涂装等。

市场需求： 受欢迎的角色、流行的设计风格、限量收藏品等。

成本控制： 优化设计方案、选择合适的材料、降低生产成本等。

个性化需求： 定制化的外观设计、特别版、签名版等。

右图是根据上述参考构思描述词生成的手办设计图，如图7-21所示。

💡 **描述词**

手办设计，写实风格，短发少女，全身像，鲜艳的色彩，流行的设计风格

图7-21

如果对生成的图片不太满意，可以重复生成几次或使用"AI编辑"功能进行调整。

如果想通过文心一言来获取关于手办设计的描述词，可以这样沟通："我需要使用文心一格生成手办的设计图。请考虑手办风格、角色特征、材质要求、细节处理、色彩搭配、生产工艺等因素生成手办的设计文案，用作文心一格'以文生图'的描述词。你的输出不要超过180字。"

获得的描述词如下，根据描述词生成的效果如图7-22所示。

💡 **描述词**

手办设计，高质量的全身像手办，细节丰富、细腻，材质耐用，精细制作工艺让手办的外观更有质感；色彩搭配和谐、自然，高度模仿原作风格，让手办看起来更像原作中的角色

图7-22

7.2 包装设计

包装是封装或保护产品以进行存储、分发、销售的容器。好的包装设计可以直接或间接吸引消费者的目光，进而成为厂商与消费者之间沟通的桥梁。下面讲解如何通过文心一格和文心一言生成包装设计图。

7.2.1 电子产品包装设计

电子产品包装设计需要考虑电子产品的特点、材料选择、结构设计、缓冲设计、防静电设计、外观设计、文字设计、色彩和图形设计等方面。在使用文心一格进行电子产品包装设计时，可以从以下几个角度去构思描述词。

保护产品： 保护电子产品在运输和使用过程中不受损伤，如防震、防摔、防水等。

方便运输： 包装设计应方便运输，如尺寸合适、重量适中、易于搬运等。

促进销售： 包装设计应吸引消费者，提高产品的附加值，如创意、美观、个性化等。

材料选择： 根据产品的特点和要求，选择合适的保护材料，如泡沫、纸板、塑料等。

结构设计： 根据产品的形状和特点，设计合适的包装结构，如盒式、袋式、管式等。

缓冲设计： 在包装设计中加入缓冲材料，以减少产品在运输过程中受到的震动和冲击。

防静电设计： 对于一些电子元件，如集成电路等，应采取防静电措施，以避免静电对产品造成损坏。

外观设计： 包装的外观设计应美观大方，符合品牌形象和目标消费者的喜好。

文字设计： 包装上的文字应清晰明了，包括产品名称、品牌、功能和使用说明等。

色彩和图形设计： 根据品牌形象和目标消费者的喜好，选择合适的色彩和图形进行包装设计，以提高产品的吸引力和附加值。

以下是根据上述参考构思描述词生成的电子产品包装设计图，如图7-23所示。

💡 **描述词**

包装设计，耳机包装盒，光滑，时尚简约，流水型线条，高端，科技感十足

图7-23

如果想通过文心一言来获取关于手机包装设计的描述词，可以这样沟通："我需要使用文心一格生成手机包装设计图。请从包装的形式、材料及外观形状等方面生成手机包装设计文案，用作文心一格'以文生图'的描述词。你的输出不要超过180字。"

获得的描述词如下，根据描述词生成的效果如图7-24所示。

💡 **描述词**

包装设计，手机包装盒，应以流线型和简洁设计为主，兼顾艺术性。采用紧凑、流线型的包装设计，使用白色或淡灰色的包装，材料选择轻质、防水的纸质材料，在包装外观上使用简洁的线条和几何形状，产品名称和品牌标识应清晰、显眼，通过巧妙的内部结构和缓冲材料，保证产品在运输过程中的安全，易于打开，并附有详细的使用说明和保养指南

图7-24

7.2.2 食品包装设计

食品包装设计应考虑食品包装的吸引力、信息传达有效性、保护性、方便性、环保性、可视性等方面，在使用文心一格进行食品包装设计时，可能使用以下描述词。

食品种类： 巧克力、饼干、薯片、糖果、牛肉干等。

包装形式： 袋装、盒装、罐装、瓶装等。

包装材质： 纸质、塑料、金属、玻璃等。

包装色彩： 红色、蓝色、绿色、黄色等。

包装元素： 花纹、图案、文字等。

包装尺寸： 小包装、中包装、大包装等。

包装风格： 简约、时尚、可爱、复古等。

包装特点： 环保、易于携带、易于开启等。

以下是根据上述参考构思描述词生成的食品包装，如图7-25和图7-26所示。

图7-25

💡 描述词

包装设计，水饺袋，不透水，新鲜

💡 描述词

小鱼干产品包装，精美、高档，安全、卫生。采用环保可回收材料，彰显品牌的社会责任感。色彩鲜艳，图案精美，突出小鱼干产品的特点和口感。结构设计合理，方便消费者使用和携带

图7-26

7.2.3 美妆产品包装设计

美妆产品包装设计需要考虑产品的外观、装饰工艺、文案、色彩搭配等，在使用文心一格生成美妆产品包装设计图时，可能会用到以下描述词。

图案： 花朵、几何图案、水彩效果等。

元素： 星星、心形、植物等。

字体： 手写字体、粗体、斜体等。

包装形式： 瓶装、盒装、管装等。

风格： 简约、奢华、可爱等。

材质： 金属、玻璃等。

装饰工艺： 贴纸、勾边、纹理等。

文案： 充分运用图文并茂的文案设计，传达品牌理念和产品特性，同时要注意文案的语言规范，与品牌调性相符。

色彩搭配： 根据美妆产品的特点和使用场景，选择合适的色彩，整体色彩和谐、亮丽。

以下是根据上述参考构思描述词生成的美妆产品包装设计图，如图7-27所示。

💡 **描述词**

口红外包装设计，画面中央展示一款精致口红外包装，形状为优雅的长方体，线条流畅。盒体以金色为主色调，辅以黑色，彰显高贵品质。包装内部设计分隔槽，确保口红稳固不晃动。画面细节丰富，光影处理得当，营造出立体感和质感

图7-27

如果想通过文心一言获取关于香水包装设计的描述词，可以这样沟通："我需要使用文心一格生成香水包装设计图。请从颜色、图案、元素、字体、包装形式、风格、材质等方面生成香水包装设计文案，该文案用作文心一格'以文生图'的描述词。你的输出不要超过180字。"

获得的描述词如下，根据描述词生成的效果如图7-28所示。

💡 **描述词**

香水包装设计，以紫色为主色调，体现产品的清新与纯净。瓶身采用圆润的曲线进行设计，搭配简约的金色瓶盖，彰显品牌的时尚与优雅。瓶身中央以精美的花卉图案装饰，呼应香水的芬芳。字体采用现代简约风格，清晰易读，突出品牌名称和产品特点。包装形式为精致的玻璃瓶包装，整体风格清新优雅，彰显品牌的自然与纯净

图7-28

▶ **学习回顾**

01 请使用文心一格设计一款适合在晚宴穿着的服装，要求服装具有独特的设计元素和风格，并能够展现出穿衣者的优雅和自信，还要考虑服装的面料、颜色和剪裁等因素。

02 请使用文心一格设计一款优雅且具有个性的珠宝或首饰，尝试使用不同的材料和工艺来表现。

03 请使用文心一格设计一款适合日常穿着的舒适鞋子，要考虑到鞋子的材质、颜色和设计元素，并确保能够展现出鞋子的时尚和实用性。

04 请使用文心一格设计一款时尚且实用的背包或手提包，要考虑到背带、材质和内部布局等因素。

05 请使用文心一格设计一款儿童益智玩具，要考虑到玩具的材质、颜色和安全性。

06 请使用文心一格设计一款可爱的卡通形象公仔，尝试使用不同的材质和工艺来表现公仔的细节和表情。

07 请使用文心一格设计一款智能摄像头的包装盒，要考虑到智能摄像头的功能和目标用户，尝试使用丰富的图形和颜色来表现你的设计，并确保包装盒能够保护摄像头并展示出产品的创新性。

08 请使用文心一格设计一款零食包装，可以是膨化食品、糖果、干果等零食的包装，尝试使用明亮和鲜艳的颜色来表现食品可口、诱人的感觉。

第 8 章

商业实战——文创与私人定制设计

　　文创与私人定制设计是一种将文化元素、创意和个性化需求相结合，通过提取文化中的核心元素并将其融入产品设计，赋予产品特定的文化内涵和艺术价值，为客户提供能满足其个性化需求的产品的设计。文创与私人定制广泛应用于各个领域，如文化创意产业、高端消费品市场、工业设计等。

　　本章将从贴纸设计、木雕设计、剪纸设计、墙纸设计和被毯设计5个方面来展示如何使用文心一格生成符合需求的文创与私人定制设计图。

8.1 贴纸设计

贴纸具有装饰、传达信息或表现个性的作用，通常表现为平面形式，可以粘贴在各种物品的表面。在使用文心一格生成贴纸设计图时，可能会用到以下描述词。

主题： 动物、自然景观、城市风景、节日等。

色彩： 明亮的色彩、柔和的色调、单色或多色等。

样式： 卡通风格、水彩风格、油画风格、简约风格等。

元素： 花朵、动物、人物、食物等。

排版： 居中、对称、分散、重叠等。

文字： 标语、名字、日期等。

背景： 纯色背景、渐变背景、纹理背景等。

情绪： 欢乐、温馨、祝福、浪漫等。

图案： 斑点、条纹、花纹等。

尺寸： 正方形、长方形、圆形等。

以下是根据上述参考构思描述词生成的贴纸设计图，如图8-1~图8-3所示。

💡 **描述词**

　　贴纸设计，油画风格，湖光山色，圆形，明亮的色彩

图8-1

图8-2

图8-3

8.2 木雕设计

木雕的应用场景非常广泛，主要包括家具、门窗、建筑、园林景观、文化艺术品等。在使用文心一格进行木雕设计时，可能会用到以下描述词。

主题：自然、动物、人物、花卉、山水等。

风格：传统、现代、复古、简约等。

形状：圆形、方形、不规则图形等。

尺寸或比例：大型雕塑、小型装饰品、等比例缩放等。

材质：松木、橡木、胡桃木等。

色彩：色彩鲜艳、色彩对比、色彩搭配等。

技巧：线条流畅、形象刻画、层次分明等。

细节：精细雕刻、细节处理等。

造型：造型独特、富有感染力、创意十足等。

右边是根据上述参考构思描述词生成的木雕设计图，如图8-4和图8-5所示。

💡 **描述词**

木雕设计，学生读书雕像，色彩鲜艳，层次分明，细节处理，富有感染力

图8-4

💡 **描述词**

一家三口，和睦相处，相亲相爱。这个木雕设计展现出一家人的和睦、喜悦，让人感受到家的温暖和力量

图8-5

8.3 剪纸设计

剪纸是中国传统手工艺,现在已经成为一种世界流行的艺术。剪纸在商业上有许多应用,如装饰品、礼品、广告、文化衍生品等。使用文心一格进行剪纸设计时,可能会用到以下描述词。

主题: 自然、节日、民俗等。

元素: 花朵、动物、人物、几何形状、传统元素等。

样式: 对称剪纸、剪影剪纸、立体剪纸等。

色彩: 单色、多色、渐变色等。

细节: 线条粗、形状清晰、边缘平滑等。

整体构图: 考虑元素的位置、大小和比例关系。

空白部分: 考虑剪纸中的空白部分,如背景、负空间等。

创意: 在剪纸设计中加入创意元素或使用独特的表达方式。

以下是根据上述参考构思描述词生成的剪纸设计图,如图8-6~图8-8所示。

💡 **描述词**

剪纸设计,牡丹花,形象生动,色彩鲜艳,观赏性强

图8-6

💡 **描述词**

剪纸设计，红色，一只蝴
蝶，镂空

图8-7

💡 **描述词**

剪纸设计，婚礼，新娘

图8-8

8.4 墙纸设计

墙纸通常用于装饰室内空间。使用文心一格进行墙纸设计时，可能会用到以下描述词。

主题： 自然风景、抽象艺术、城市建筑等。

色彩： 明亮的色彩、柔和的色调、单色或多色等。

样式： 卡通风格、水彩风格、油画风格、简约风格等。

元素： 花卉、动物、人物、建筑等。

排版： 居中、对称、分散、重叠等。

文字： 标语、名言、诗句等。

氛围： 宁静、欢乐、神秘、浪漫等。

图案： 斑点、条纹、花纹等。

右边是根据上述参考构思描述词生成的墙纸设计图，如图8-9和图8-10所示。

💡 **描述词**

墙纸设计，花卉，水彩风格，宁静，方形

图8-9

💡 **描述词**

墙纸设计，以浅灰为主基调，点缀米白、浅绿与淡蓝的色彩。背景隐约可见抽象的山水画，线条勾勒的山脉、河流与云雾，宛如自然风光的缩影。整体设计简约而不失艺术感，营造出宁静、舒适的氛围

图8-10

8.5 被毯设计

被毯设计是指对被毯的外观进行设计和规划，使其具有美观性、艺术性，通常涉及图案的选择、色彩的搭配、线条的处理等。使用文心一格进行被毯设计时，可能会用到以下描述词。

风格： 现代、传统、复古、卡通、简约、民族等。

色彩： 明亮、柔和、对比强烈等。

元素： 花朵、树木、动物、几何形状等。

纹理： 线条、点状、渐变等。

整体效果： 平衡、和谐、活泼等。

构图： 考虑图案的对称、均衡、重复等方面的构图原则。

材质： 根据被毯的材质和工艺，选择合适的图案和颜色。

右边是根据上述参考构思描述词生成的被毯设计图，如图8-11和图8-12所示。

💡 **描述词**

被毯设计，远山近水，蓝绿色调，注重纹理和层次感

图8-11

💡 **描述词**

被毯设计，小碎花图案，分散排布，清新，简约

图8-12

▶ **学习回顾**

01 请使用文心一格设计一款个性化的贴纸，尝试使用简洁的图形和鲜艳的色彩来表现。

02 请使用文心一格设计一款木雕作品，尝试使用线条和形状来表现木雕作品的立体感和深度。

03 请使用文心一格设计一款具有传统文化风格的剪纸作品，尝试通过切割和折叠来表现复杂的图案和形象。

04 请使用文心一格设计一款儿童房墙纸，要考虑到颜色、图案等方面。

05 请使用文心一格设计一款被毯，要考虑到被毯的尺寸和布局，并确保图案能够呈现出美观且舒适的效果。

第 9 章

商业实战——建筑设计与室内设计

建筑设计与室内设计结合了艺术与技术，是创造美观、实用且舒适的建筑与室内环境的关键环节。我们可以借助文心一格来生成多样化的设计方案，减少绘制设计图的时间，在增强设计创新性的同时提高设计的效率。本章将从建筑设计、室内设计两个方面来展示如何利用文心一格生成符合需求的建筑与室内设计图。

9.1 建筑设计

建筑设计涉及对建筑的风格、材料、颜色、类型、细节等方面的设计。使用文心一格进行建筑设计时，可能会用到以下描述词。

建筑风格： 现代风格、传统风格、欧洲古典风格等。

材料和颜色： 砖石、玻璃、木材、金属、红色、白色等。

建筑类型： 高层建筑、别墅、平房、宫殿等。

屋顶设计： 平顶、坡屋顶、尖顶等。

景观和园林： 花园、草坪、树木、水池等。

光影效果： 阳光照射、阴影投射、光线穿透等。

环境背景： 街道、公园、湖泊、山脉等。

建筑细节： 窗户、门、立面装饰、雕塑、栏杆、阳台等。

比例和尺寸： 建筑物整体比例和各个部分的尺寸。

透视： 一点透视、两点透视等。

右边是根据上述参考构思描述词生成的建筑设计图，如图9-1~图9-3所示。

💡 **描述词**

建筑效果图设计，会展中心，群山脚下，现代建筑风格，波浪形、流线型屋顶，颜色搭配恰当，颜色醒目

图9-1

💡 **描述词**

建筑俯视图，农村楼房，平顶，空中花园

图9-2

💡 描述词

建筑效果图设计，农村楼房，多层

图9-3

如果想通过文心一言来获取关于建筑设计的描述词，可以与它这样沟通："我需要使用文心一格生成一张建筑外观效果图。建筑外观优美，令人赏心悦目，既有文化气息，又有艺术范儿。帮我生成用于文心一格'以文生图'的描述词，你的输出不要超过180字。"

获得的描述词如下，根据描述词生成的效果如图9-4所示。

💡 描述词

建筑外观效果图设计，外观优美，令人赏心悦目，设计兼具文化气息和艺术范儿。整个建筑以白色和木色为主色调，营造出清新、自然的感觉，同时细节处也不失精致和独特

图9-4

以下是更多根据文心一言提供的描述词生成的建筑设计图，如图9-5~图9-8所示。

💡 **描述词**

建筑设计，儿童娱乐，丰富多彩，以"海洋生物"为主题，比如海豚、鲸、企鹅，主要使用蓝色和绿色，在草地上

图9-5

💡 **描述词**

建筑设计，儿童娱乐以"星球大战"为主题，位于公园内，彩色鸟瞰图

图9-6

💡 **描述词**

　　建筑效果图，现代风格的
大楼，以玻璃和钢材为主要材
料，外观简洁而富有现代感。
建筑立面设计独特，光线在玻
璃幕墙上折射出璀璨的光芒，
让人眼前一亮

图9-7

💡 **描述词**

　　一座以科技和创新为主的
建筑。一个科研机构或创新
企业的总部，用于进行科研或
开发工作。楼层数为5层~10层

图9-8

9.2 室内设计

室内设计涉及住宅、办公楼、酒店等各种场所,使用文心一格生成室内设计图时,可能会用到以下描述词。

空间布局: 开放式、分隔、流线型、功能分区等。

风格与主题: 现代、简约、传统、复古、工业风、中式、欧式等。

色彩与材质: 暖色调、冷色调、中性色调、明亮、温暖、冷静、柔和、光滑、粗糙、纹理、木质、石材、金属、玻璃等。

家具与位置: 沙发、床、餐桌、灯具等。

光线与照明: 自然光、柔和光、聚光灯、吊灯、壁灯、落地灯等。

装饰细节: 装饰画、绿植、地毯等。

功能与便利性: 储物、工作区、休闲区等。

右边是根据上述参考构思描述词生成的室内设计图,如图9-9～图9-11所示。

💡 **描述词**

室内设计效果图,卧室,床头柜,中式,现代,暖色调,明亮,日光灯

图9-9

💡 **描述词**

室内设计效果图,沙发,茶几,暖色调

图9-10

图9-11

💡 **描述词**

室内设计效果图，沙发，茶几，办公桌，暖色调

如果想通过文心一言来获取室内设计描述词，可以与它这样沟通："我需要使用文心一格生成一张室内餐厅装修效果图，餐厅要有文化气息、接地气，有秩序感，给人畅快的感觉，色彩明亮。帮我生成用作文心一格'以文生图'的描述词，你的输出不要超过180字。"

获得的描述词如下，根据描述词生成的效果如图9-12所示。

💡 **描述词**

室内设计效果图，充满文化气息和接地气的餐厅，室内装修注重秩序感和畅快的感觉。色彩明亮，以白色和木色为主色调，营造出清新自然的感觉。餐桌和椅子采用简约风格，舒适耐用。灯光柔和、温暖，整个室内装修效果图具有现代感，让人感觉轻松和愉悦

图9-12

以下是更多根据文心一言提供的描述词生成的室内设计图，如图9-13~图9-24所示。

💡 **描述词**

　　酒吧室内效果图，以工业风格为主，突出暴露的砖墙、管道和金属装饰等元素，以粗犷、硬朗的线条为主，强调工业感和力量感，使用工业材料

图9-13

💡 **描述词**

　　新中式风格书房室内效果图，结合中式元素和现代设计理念，以传统中式建筑元素为主，使用传统建筑材料，注重传统装饰细节的处理

图9-14

北欧风格咖啡厅室内设计效果图，线条流畅，细节处理精致。使用自然材料，如木材、石材等，营造出舒适自然的氛围。注重窗户、门廊和装饰元素的处理，让整个咖啡厅看起来更加精致和有特色

图9-15

☀ 描述词

会议室室内设计效果图，地中海风格，以白色和蓝色为主色调，搭配拱形门等元素，选用浅色调的实木家具，搭配蓝色布艺软装，用清新明亮的色彩组合营造出地中海风格独特的浪漫气息

图9-16

会议室室内设计效果图，新中式风格，结合中国传统文化和现代设计理念。强调中式装饰元素和材质的运用，色彩比较沉稳。使用深红、深绿等色彩，以及中国传统的装饰图案和纹样。搭配简约线条的金属家具和瓷器饰品，营造出充满中式韵味又不失现代感的会议室

图9-17

会议室室内设计效果图，现代简约风格，注重简洁、实用和经济。采用玻璃、金属和新型材料等，突出结构美和质感。色彩以白色、黑色为主，强调小而精致的设计。选用线条简约的黑色金属家具，搭配简约的灯具和装饰画，营造出时尚、现代化的氛围

图9-18

图9-19

💡 描述词

食堂室内设计效果图，北欧风格，注重自然、舒适和温馨。使用木质家具、棉麻布艺、绿植等元素，搭配浅色调的墙面和灯光，营造出一种轻松愉悦的氛围。可以加入一些自然元素如木制品、石材等，突出北欧风格的特色

💡 描述词

办公室室内设计效果图，新中式风格，结合中国传统文化和现代设计理念。重视中式装饰元素和材质的运用，色彩比较沉稳。使用深红、深绿等色彩，以及中国传统的装饰图案和纹样等。搭配简约线条的金属家具和瓷器饰品，营造出充满中式韵味又不失现代感的办公氛围

图9-20

💡 **描述词**

　　接待间室内设计效果图，舒适休闲风格，这种风格通常用于接待外宾，让客户感受到轻松愉悦的氛围。接待间可以使用柔和的色彩，如米色、淡黄色、淡绿色等，搭配舒适的沙发和小巧的茶几，营造出亲切友好的氛围

图9-21

💡 **描述词**

　　接待间室内设计效果图，创意艺术风格。这种风格适用于品牌公司，为了使品牌更显独特，接待间应该给人别具一格的感觉。可以使用独特的造型和灯光设计，营造出充满艺术气息的氛围

图9-22

💡 **描述词**

　健身房室内设计效果图，低调奢华风格，注重高贵、典雅和品质。使用深色调的墙面和家具，搭配装饰画，营造出高端的氛围

图9-23

💡 **描述词**

　书房室内设计效果图，轻奢风格，使用金属和玻璃等元素来营造轻奢感，注意空间布局的合理性和实用性，选择轻奢风格的家具、装饰品，以及精致的灯具和墙面装饰

图9-24

01 请使用文心一格设计一座未来城市的建筑，这座建筑应具有创新的设计元素，并能够展现出未来城市的独特风格和氛围。

02 请使用文心一格设计一个现代风格的室内空间，这个空间应该包括客厅、卧室、厨房和浴室等区域，并能够展现出现代感和舒适性。

第 10 章

商业实战——摄影作品

　　摄影作品在商业活动与工作中都有广泛应用，如广告配图、公众号配图、PPT配图等，我们可以使用文心一格生成各种摄影作品，降低获取摄影作品的成本。

　　本章将从不同拍摄对象、不同拍摄设备、不同拍摄距离、不同拍摄视角、不同色彩光线和不同应用领域6个方面展示如何使用文心一格生成符合需求的摄影作品。

10.1 不同拍摄对象的摄影作品

按拍摄对象分类，摄影可以分为静物摄影、人像摄影、风景摄影、动物摄影、建筑摄影等。以下是使用文心一格生成的各类不同拍摄对象的摄影作品，如图10-1~图10-6所示。

图10-1

💡 **描述词**

　　摄影图片，绿植，花盆为白色陶瓷，植物枝叶茂盛，背景为浅色木质桌面，一束阳光透过窗户洒在花盆上

图10-2

💡 **描述词**

　　摄影图片，一位中国年轻女性，坐在公园的长椅上，阳光透过树叶洒在她的脸上。她闭着眼睛，感受着阳光的温暖。摄影师在她的侧面拍摄，捕捉到她安静而放松的姿态

💡 **描述词**

　　摄影图片，一片海滩，海浪拍打着沙滩，夕阳西下，天空呈现出美丽的橙色和紫色。摄影师在沙滩上拍摄，使用长焦镜头将海浪拉近，同时运用黄金分割法进行构图

图10-3

💡 **描述词**

　　摄影图片，一只金毛犬，趴在草地上，阳光洒在它的身上。它闭着眼睛，感受着阳光的温暖。摄影师在它的前方拍摄，捕捉到它安静而放松的姿态

图10-4

💡 **描述词**

摄影图片，山上的猴子，写实，抓拍，独特视角

图10-5

💡 **描述词**

摄影图片，一座城市的街景，建筑物有高有低、错落有致，街头巷尾充满生活气息。摄影师在街头拍摄，选取低角度捕捉街道的美妙景色

图10-6

根据摄影时所用的拍摄设备不同，摄影可以分为数码相机摄影、单反相机摄影、手机摄影、无人机摄影、运动相机摄影、潜水相机摄影、车载相机摄影、全景相机摄影等。以下是用文心一格生成的使用不同拍摄设备得到的摄影作品，如图10-7~图10-14所示。

图10-7

💡 **描述词**

数码相机摄影图片，街头摄影，捕捉城市生活的瞬间

💡 **描述词**

数码相机摄影图片，夜景摄影，繁华的城市夜景

图10-8

💡 **描述词**

单反相机摄影图片，日落时分，海岸线上的美景

图10-9

💡 **描述词**

胶片摄影照片，人像摄影，从正面捕捉清新的少女形象

图10-10

💡 **描述词**

　　摄影照片，大型海上钻井平台，无人机拍摄，海涛汹涌

图10-11

💡 **描述词**

　　摄影照片，珊瑚礁，水下世界的奇观，防水相机拍摄

图10-12

车载相机摄影图片，冰雪公路，寒冷与纯净的视觉冲击

图10-13

全景相机摄影图片，城市全景，高楼林立的壮观景象

图10-14

10.3 不同拍摄距离的摄影作品

　　根据拍摄距离的不同，摄影可以分为远景摄影、中景摄影、近景摄影、特写摄影、微距摄影、超级特写摄影、超级远景摄影、显微摄影、航拍摄影等。以下是用文心一格生成的不同摄影距离的摄影作品，如图10-15~图10-22所示。

💡 **描述词**

　　远景摄影图片，群山连绵，云雾缭绕，仿佛仙境一般

图10-15

💡 **描述词**

　　中景摄影图片，公园里的长椅上，一位中国年轻女孩正在读书，阳光透过树叶洒在她的身上

图10-16

💡 **描述词**

　　近景摄影图片，一片森林里的树枝上，一只小鸟正在欢快地歌唱

图10-17

💡 **描述词**

　　特写摄影图片，一片树林中的一棵树，纹理清晰，细节丰富

图10-18

图10-19

💡 **描述词**

　　微距摄影图片，莲花花瓣，细节丰富

图10-20

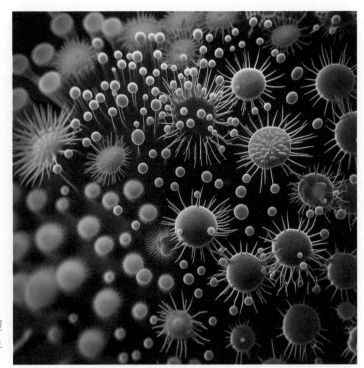

图10-21

图10-22

10.4 不同拍摄视角的摄影作品

根据拍摄视角的不同,摄影可以分为俯拍、仰拍、平拍等。以下是用文心一格生成的不同拍摄视角的摄影作品,如图10-23~图10-27所示。

💡 **描述词**

俯拍摄影图片,高楼顶部拍摄的城市夜景,用长焦镜头捕捉繁华街道的细节

图10-23

💡 **描述词**

俯拍摄影图片,在城市公园中,用超广角镜头俯拍绿植和花朵,展现其生机勃勃的景象

图10-24

💡 **描述词**

　　仰拍摄影图片，仰拍天空和白云，用长焦镜头捕捉云彩的细节

图10-25

💡 **描述词**

　　平拍摄影图片，选择一个合适的位置和角度，聚焦在狮子的特征和细节上，表现毛发、动作和表情等

图10-26

💡 **描述词**

　　低角度拍摄的花卉图片，鲜艳的花卉，将相机调整到手动模式，选择合适的感光度和光圈，将相机放置在花朵附近，从下向上拍摄，捕捉花瓣和花蕊的细节

图10-27

10.5 不同色彩光线的摄影作品

　　根据色彩光线的不同，摄影可以分为黑白摄影、彩色摄影、红外摄影等。以下是用文心一格生成的不同色彩光线的摄影作品，如图10-28~图10-30所示。

💡 **描述词**

　　一片秋天的森林，以黑白摄影的方式突出树叶的纹理和枝干的质感

图10-28

💡 **描述词**

　　在一个春天的公园中，选取鲜艳的花卉和绿植，以彩色摄影的方式捕捉花瓣的细节和绿叶的纹理，以增强照片的层次感和视觉效果

图10-29

💡 **描述词**

　　红外风光摄影图片，在日落时分，拍摄山脉和草原在红外线下的独特效果

图10-30

10.6 不同应用领域的摄影作品

根据应用领域的不同,摄影可以分为商业摄影、艺术摄影、工业摄影、创意广告摄影等。以下是用文心一格生成的应用于不同领域的摄影作品,如图10-31~图10-41所示。

图10-31

💡 **描述词**

商业摄影图片,用高超的食品摄影技巧,捕捉这道菜肴的色彩和质感,展现其美味和吸引力

💡 **描述词**

商业摄影图片,用精心的布景展示卧室,强调精致与低调

图10-32

💡 **描述词**

　　商业摄影图片，以时尚
的背景和精心的布局，强调这
款时尚手提包的优雅设计和
高端品质

图10-33

💡 **描述词**

　　商业摄影图片，用广告
摄影的技巧，拍摄中国女性品
牌代言人，展现其形象和气
质，突出其魅力和风格

图10-34

商业摄影图片，用广告摄影的技巧，拍摄中国男性品牌代言人，展现其形象和气质，突出其魅力和风格

图10-35

艺术摄影图片，结合数字艺术和摄影技巧，创作出一幅超现实主义风格的摄影作品，展现梦幻般的场景、夸张的透视和色彩搭配等

图10-36

图10-37

图10-38

描述词

工业摄影图片,以某汽车制造厂的组装线为对象,通过细节捕捉和环境处理,展现工业制造的精细

图10-39

描述词

创意广告摄影图片,以一款时尚服装为对象,在城市街头拍摄,通过构图和光线,展现出服装的独特魅力

图10-40

房地产摄影图片，通过合理的构图和光线，展现出房屋的独特魅力和品牌的价值

图10-41

▶ 学习回顾

请使用文心一格生成一幅摄影作品，主题为"城市的夜晚"，强调夜幕下城市的灯光与影调。

附录

这里简单介绍文心一格小程序的使用方法，同时分享笔者的AI绘画商业赢利心得。

文心一格小程序的操作与使用

文心一格小程序包括微信小程序和百度智能小程序，目前微信和百度两个平台的小程序仅支持使用"AI创作"功能，不支持使用"AI编辑"功能和"实验室"功能。

文心一格微信小程序"发现"页面显示的是用户公开分享的作品，作品下方会有生成该作品所使用的描述词，如附图1所示。点击底部中间的"AI创作"便可进入"AI创作"页面，如附图2所示。具体操作与PC端的操作基本一致，大家可自行尝试。点击"发现"页面中作品右下角的"我也画"也可进入"AI创作"页面。

附图1　　　　　　　　附图2

通过点击"发现"页面中的按钮进入"AI创作"页面后，页面中显示的描述词是当前所选作品所使用的描述词，如果其他选项采用默认设置，直接点击"立即生成"按钮便可生成4幅作品。在生成的4幅作品中，选择一幅后可直接在"预览图"页面中提升其分辨率，如附图3所示。

附图3

提升分辨率后的效果如下图所示，此时可在页面下方点击"公开""喜欢""下载"等进行操作，如附图4所示。

附图4

同样，我们可以使用"AI创作"页面中的"AI艺术字"生成艺术字效果。例如，在汉字输入框中输入"念念不忘"，在描述词输入框中输入"心形"，其他选项为默认设置，如附图5所示。

附图5

点击"立即生成"按钮后生成了4张图片，同样可以选择一张图片提升分辨率，如附图6所示。

附图6

在百度App中搜索"文心一格"并找到相应的智能小程序，点击"打开"，如附图7所示，可以发现其与微信小程序的页面布局和功能相同，实际操作方法也相同，这里不再赘述。

附图7

AI 绘画赢利心得

AI绘画商业赢利主要与市场需求、信息差和趋势红利3个方面有关。

市场需求

绘画和设计等行业对于绘画作品的需求持续存在，AI绘画由于出图效率高、成本低等特点，正好满足了这些行业的需求。设计师使用AI绘画技术，可以快速、高效地生成高质量的绘画作品，从而更好地满足市场上的不同需求。

信息差

AI绘画技术的普及程度在不同人群之间存在一定的差异。有些人可能很早就了解了AI绘画技术，并开始使用它来创作作品，而有些人可能刚刚开始了解。这种信息差就为那些先了解和已经使用AI绘画技术的人提供了机会，他们可以通过培训、指导其他人使用AI绘画技术等方式，实现商业赢利。

趋势红利

随着AI技术的发展和普及，AI绘画也逐渐成为一种趋势。在这个趋势的发展过程中，早期参与的人通常会有更多的机会抓住趋势红利。因为在这个阶段，参与的人数较少，竞争也相对较小，因此有更大的发展空间和更多的机会。随着AI绘画技术的不断发展和完善，以及更多的人开始了解和使用它，趋势红利就会逐渐减少。

• 如何通过 AI 绘画实现商业赢利

01 借助新媒体平台进行商业赢利

可以借助抖音、快手、视频号、微博和今日头条等新媒体平台分享和展示自己的AI绘画作品，吸引粉丝。可以借助一些视频剪辑工具将静止的AI绘画作品变成动态的视频，增强其耐看性。持续地发布高质量的AI绘画作品或视频，可以吸引更多的观众和粉丝，建立起自己的粉丝群体。在积累了一定量的粉丝后，可以通过接商单、售卖定制产品等来获利。

02 借助一些设计平台进行商业赢利

可以在Dribbble、站酷等设计平台上发布自己的作品，以吸引设计师发出合作邀请。文心一格的"创作管理"页面的"资源推荐"中，有许多设计师常用的平台推荐，如附图8所示。

附图8

03 通过售卖定制产品进行商业盈利

可以与一些平台或厂家合作，为客户生产定制产品。文心一格就有定制服务，单击"周边定制"中图片上的"定制"，就可以扫码购买印有相应图片的产品，如附图9所示。

附图9

04 开设AI绘画培训班或工作坊

可以建立一个合适的课程体系，尝试在线上或线下开设付费培训课，将自己使用AI绘画工具的经验分享给更多的人。

05 提供专业设计领域设计草图

可以为建筑设计、室内设计、包装设计、服装设计、玩具设计等专业设计领域快速提供可以参考的设计草图，也可以进一步加工成客户需要的设计成品图。